10 Questions to Learn
In Deep Learning

深度学习必学的
十个问题

理论与实践

李轩涯　张暐◎著

清华大学出版社

北京

内 容 简 介

深度学习是目前最流行的技术领域。本书兼顾了数学上的理解和代码实践，内容主要包括基础知识和深度学习模型。第1章介绍深度学习的简洁发展思路和表示学习机制；第2章、第3章介绍神经网络的基于梯度的优化方法、神经网络的优化难点以及相应的解决方法；第4章讨论神经网络遇到的过拟合问题；第5章分析神经网络的最小组成部分——神经元；第6章讨论三种方案解决深层网络的训练难题：批标准化、SELU、ResNet；第7章、第8章讲述了两种重要的神经网络模型：卷积神经网络和循环神经网络；第9章讨论了对于神经网络的无监督学习方式；第10章详细讨论以变分自编码器和对抗生成网络为代表的概率生成网络。

本书适合对于深度学习感兴趣的大学生、工程师阅读参考。阅读本书需要具备基础的 Python 编程技术和基本的数学知识。

本书封面贴有清华大学出版社防伪标签，无标签者不得销售。

版权所有，侵权必究。 举报：010-62782989，beiqinquan@tup.tsinghua.edu.cn。

图书在版编目（CIP）数据

深度学习必学的十个问题：理论与实践/李轩涯，张暐著.—北京：清华大学出版社，2021.4
ISBN 978-7-302-57716-4

Ⅰ．①深… Ⅱ．①李… ②张… Ⅲ．①机器学习—问题解答 Ⅳ．①TP181-44

中国版本图书馆 CIP 数据核字（2021）第 050104 号

责任编辑：贾　斌
封面设计：刘　键
责任校对：胡伟民
责任印制：宋　林

出版发行：清华大学出版社
　　　　网　　　址：http://www.tup.com.cn，http://www.wqbook.com
　　　　地　　　址：北京清华大学学研大厦 A 座　　　　　邮　　编：100084
　　　　社 总 机：010-62770175　　　　　　　　　　　　邮　　购：010-83470235
　　　　投稿与读者服务：010-62776969，c-service@tup.tsinghua.edu.cn
　　　　质量反馈：010-62772015，zhiliang@tup.tsinghua.edu.cn
　　　　课件下载：http://www.tup.com.cn，010-83470236
印 装 者：北京嘉实印刷有限公司
经　　销：全国新华书店
开　　本：186mm×240mm　　印　张：8　　　　　　　字　　数：205 千字
版　　次：2021 年 6 月第 1 版　　　　　　　　　　　印　　次：2021 年 6 月第 1 次印刷
印　　数：1～2500
定　　价：49.80 元

产品编号：089710-01

前言

人工智能技术广泛出现在各个应用场景中,包括人脸识别、语音识别、机器对话、推荐系统等方面,其背后离不开数据的增加和算力的增强。统计学习和深度学习作为人工智能技术的两大核心也日益受到人们的关注,虽然目前现阶段的人工智能和真正的"智能"无法相提并论,但理解和掌握统计学习和深度学习知识会让我们更加接近"通用智能"的理想。

关于人工智能的书籍浩如烟海,大部分人已经对于大部头的书籍望而生畏,但又希望获得体系化的知识,而本书有两个重要的特点:

1. 更强调对理论的深入理解。针对性地选择了 20 个主题,希望可以解决很多人面临的困境——不满足于知识堆砌,想达到体系化的理解。例如对于大多数书直接引入的 sigmoid 和 softmax 函数,本书会介绍其背后隐藏的广义线性模型;还比如大多数书直接引入的正则化作为过拟合的常用手段,本书会介绍其与极大后验估计的关系……

2. 用代码实践结合理论讲解。采用了算法理论和代码实践相结合的方式,在这里代码实践提供了算法实现的某一种或者某几种方式,其目的主要是用来更好地理解算法。在这里,算法和代码的关系,更像是理论与实验的关系,我们用实验来帮助大家更好地理解理论。

本书包含深度学习的知识,分为 10 章。第 1 章节介绍深度学习的简洁发展思路和表示学习机制;第 2 章、第 3 章介绍神经网络的基于梯度的优化方法、神经网络的优化难点以及相应的解决办法;第 4 章讨论神经网络也会遇到的过拟合问题;第 5 章分析神经网络的最小组成部分——神经元;第 6 章讨论三种方案解决深层网络的训练难题:批标准化、SELU、ResNet;第 7 章、第 8 章讲述两种重要的神经网络模型,即卷积神经网络和循环神经网络;第 9 章讨论对于神经网络的无监督学习方式;第 10 章详细讨论以变分自编码器和对抗生成网络为代表的概率生成网络。

　　人工智能的发展太过迅速，本书只是广阔无边大海里的一艘小小船。学问广袤无际，做学问更要勤勉躬亲，作者深知诠才末学，书中难免有不足之处，希望大家指正和交流，感激不尽。

编　者

2021 年 5 月

目录

第1章 作为机器学习模型的神经网络

神经网络作为被广泛使用的模型,伴随着超越人类平均水平的性能,已经成为了计算机视觉和自然语言处理的标配。一般所言的深度学习就是以神经网络作为基础,深度学习与机器学习的关系似乎变得并不那么紧密,即便对机器学习不甚了解,人们仍然可以快速利用框架搭建神经网络。但正因为入门简单,上手容易,使得初学者甚至从业者对神经网络的认识停留在调节参数的阶段,调节参数虽然是获得性能不可或缺的手段,但却无法触及真正的"知识"。

1.1 表示学习

我们在《统计学习必学的十个问题》中,已经对机器学习重要的十个问题作了详细的讲解。尤其需要注意的是特征空间的变换,在统计学习中,特征空间变换的方式可以分为显式变换和隐式变换两种。显式变换主要有两种,去掉冗余特征和无关特征,发展了特征选择的方法,和为了将特征进行组合为更有意义的变量,发展了特征提取(降维)的方法,显式的办法较为直观,它直接对特征空间做了线性或者非线性变换。

隐式变换最典型就是核方法,核函数的出现往往包含了一个非线性的特征变换,有 $x \rightarrow \phi(x)$,比如说高斯核函数定义为:

$$\kappa(x_i - x_j) = \exp\left(-\frac{\|x_i - x_j\|^2}{2\sigma^2}\right) \tag{1.1}$$

它隐含着一个无穷维的特征变换:

$$\phi(x) = e^{-x^2}\left(1, \frac{x}{\sigma}, \frac{x^2}{\sigma^2\sqrt{2}}, \cdots, x^n\frac{1}{\sigma^n}\sqrt{\frac{1}{n!}}\right) \tag{1.2}$$

虽然并非所有的模型都必须包含特征变换,比如决策树模型就是在原始的特征空间中进行学习的,但是特征变换可以发挥巨大的作用,它可以将线性的特征空间转化为非线性的特征空间,模型在一个"好"的特征空间中学习会取得非常好的效果。但问题是,统计学习中,我们往往固定好了特征变换的形式,核函数也并非随意构造,而是需要满足 Mercer Condition,所以特征变换的形式均是设计的结果。

那么,如果我们将特征变换也当作一个可以学习的过程,那么特征变换就具有了相当大的灵活性,并且与数据的相关性更高,可以预想到"学习特征变换"的方法可能会取得更好的效果,我们把这个过程叫作表示学习(Representation Learning)。

1.2 感知器与神经网络

学习特征变换从概念上讨论是容易的,转化为实际可操作的步骤就不太简单了。方法之一就是将特征变换参数化,然后学习参数,就相当于学习了特征变换。理解特征变换参数化需要建立在感知器(Perceptron)的基础上。

生物学上的神经元模型说的是神经元彼此相连,当神经元接受其他神经元的化学递质直至电信号超出阈值被激活的时候,会向其他神经元发送信号,每个神经元只有激活和未激活两种状态,通过这样的方式,生物似乎可以自动或者非自动地学习到某种模式。比如简单的膝跳反射,这种单一突触的通路即可完成这个反射,膝盖骨的刺激到小腿向前踢的动作,就是一个将输入转化为输出的过程,甚至不需要大脑的参与。在机器学习中,借鉴了神经元模型的感知器做了三点简化和改变:

(1)将神经元与神经元之间化学递质的传递简化为数的传递。

(2)在(1)的基础上,将神经元与神经元的可能连接(突触)处理为权重系数(Weights)没有连接就代表权重为零。

(3)在(1),(2)的基础上,把细胞体当作一个开关,所以把细胞体抽象为激活函数(Activation Function),当数值大于某个值时,函数才会输出。

如图 1.1,输入特征为 n 维,但同时也希望偏置项(Bias)可以处理一部分的噪声,所以共有 $n+1$ 维的权重边,输入经过每个权重系数的乘积得到的数值,进入到细胞体,如果细胞体被激活,那么经过激活函数的值就是最后的输出。

■ 图 1.1 感知机的简单示例,Bias 为偏置

令 t 表示激活阈值,b 表示偏置,f 为激活函数,感知器就可以在数学上表达为:

$$y = f\left(\sum_{i=1}^{n} \omega_i x_i + \omega b - t\right) \tag{1.3}$$

从表达式来看,感知器算法与 logistic 回归一致,并没有任何特殊的地方,本质上都是线性算法。logistic 回归的权重是通过广义线性模型的假设添加,该假设要求参数函数是线性的;而在感知器中,权重系数被看作神经元之间的边,真正的分类器是控制输出的激活函数。

正因为如此,感知器算法仍然是无法解决非线性问题,我们可以将感知器算法拓展为一个非线性算法,只需要将输入 X 变为 $\phi(X)$,那么输出就会变为:

$$y = f\big(\sum_{i=1}^{n}\omega_i\phi(x_i) + \omega b - t\big) \tag{1.4}$$

径向基函数(RBF)网络就运用了这一想法,它直接将输入通过径向基函数得到非线性转换,再对其做线性组合,本质上就是将感知器算法的输入做了非线性的预处理。在网络结构上,RBF 网络多加了一层神经元来获取非线性,我们将加在输入层和输出层的中间层叫作隐层(Hidden Layer)。隐层的作用就是完成特征的非线性转换。

我们把拥有隐层的感知器叫作多层感知器(Multi Layer Perceptron),如图 1.2,输出层和输出层之间插入了一个隐层来实现特征变换。于是引出了深度学习的第一个重要概念,即,只有输出层才进行分类,前面的所有层均在进行表示学习。

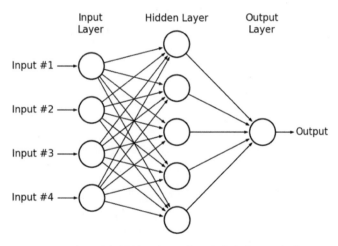

■图 1.2　多层感知器的示意图,每一个节点表示一个神经元

至此,我们就很容易看出特征变换的参数化实际上是隐层来实现的,所谓的表示学习就是对隐层参数的学习,它包括隐层的激活函数、激活函数的阈值和相关的权重边来定义,我们对这三者的学习,就是对特征变换进行学习。

事实上,多层感知器就是前馈神经网络(Feedforward Neural Network)的一种,当隐层的层数大于等于 2 的时候,叫作深度前馈神经网络,这一概念的划分实际上来源于万能近似定理(Universal Approximation Theorem),见定理 1.1。因为只要隐层的神经元数目足够多,万能近似定理总是可以发挥作用,而神经元的数目可以通过两种方式来实现,一种是扩展网络的宽度,另一种是拓展网络的深度。

定理 1.1（万能近似定理） 如果神经网络具有线性输出层和具有"挤压"性质的激活函数构成的隐层，只要隐层的神经元数量足够多，该前馈神经网络总是可以近似任意的一个定义在 R^d 的有界闭集的连续函数（Borel 可测函数）神经网络这一性质对于很多的非线性激活函数也成立。

增加深度既可以增加神经元的数目，又增加了隐层的数目，隐层越多，代表着特征变换的次数越多，因为好的特征变换往往不能一次完成，所以增加隐层的数目即拓展深度是更好的选择。

1.3 使用 keras

首先我们尝试解决著名的异或（XOR）问题，如图 1.3，以逻辑关系"与"为例，它代表着坐标中只要一个为零，那么就整体为零，所以红色点出现在 (1,1) 位置。从图中可以看出，除了异或关系，其余的样本分布均可以用一条线来简单划分，也就是说，异或是一个线性不可分的问题。

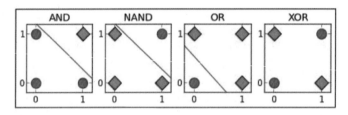

■图 1.3　从左到右，分别表示"与"，"非"，"或"和"异或"

我们使用 numpy 来完成一个感知器算法，使用均方误差作为损失函数。需要注意，均方误差是我故意使用的，因为很多人会记住交叉熵用于分类，均方误差用于回归。实际上正如我们在统计学习中所说的，均方误差也可以用于分类，只是不具有对错误率的一致性。而在这个问题中，均方误差作为损失也已经足够说明问题，代码如下：

```python
import numpy as np

def sigmoid(h):
    return(1/(1 + np.exp( - h)))

def sigmoid_derivative(h):
    return(sigmoid(h) * (1 - sigmoid(h)))

class NeuralNetwork(object):
    def __init__(self, x, y):
    self.input = x
    self.weights = np.random.rand(x.shape[1], 1)
    self.weights1 = np.random.rand(1)
```

```
    self.y   = y
    self.output = np.zeros(self.y.shape)
def feedforward(self):
    self.output = sigmoid(np.dot(self.input, self.weights) + self.weights1)
def backprop(self):
    d_weights = np.dot(self.input.T, (2 * (self.y - self.output) *
        sigmoid_derivative(self.output)))
    d_weights1 = np.dot(2 * (self.y - self.output).reshape(4), sigmoid_derivative
        (self.output).reshape(4))
self.weights  += d_weights
self.weights1  += d_weights1
```

其中，我们定义了 sigmoid 函数和它的导函数，并且定义了 Neural Network 的类，并没有隐层，它包含了两个方法，一个是 feedforward 用来得到输出，另一个是 backprop 用来训练。backprop 使用的是标准的误差反向传播算法（我们会在第 2 章讨论）。接下来，我们将数据设置为图 1.3 NAND 的四个数据点，并且通过反向传播算法训练它：

```
import matplotlib.pyplot as plt
import seaborn as sns
f = np.array([[0,0],[1,1],[0,1],[1,0]])
g = np.array([0,1,1,1]).reshape(4,1)
NN = NeuralNetwork(f,g)
mse = []
for i in range(100):
    NN.feedforward()
    NN.backprop()
    g_pre = NN.output
    m = (g - g_pre).flatten()
    mse.append(np.dot(m,m))

sns.set(style = 'white')
plt.plot(range(100), mse, 'r - ', label = "train error")
plt.title('Perceptron training')
plt.legend()
plt.show()
```

如图 1.4，感知器的损失随着迭代迅速减小，并且可以误差趋于零，表明通过训练可以把所有的数据分类正确，我们的训练是成功的。

训练完成以后，我们观察经过训练的感知器在数据上划分的决策边界，添加代码如下：

```
plt.figure()
a = np.linspace( - 0.1,0.55,100)
for i in range(4):
    if g[i][0] == 0:
        plt.scatter(f[i][0],f[i][1],s = 200,c = 'b')
    else:
```

```
        plt.scatter(f[i][0],f[i][1],s = 200,c = 'r')
plt.title('NAND')
w1,w2,w3 = NN.weights[0],NN.weights[1],NN.weights1
plt.plot(a, - (w1 * a + w3)/w2,'r - ',markersize = 15)
plt.show()
```

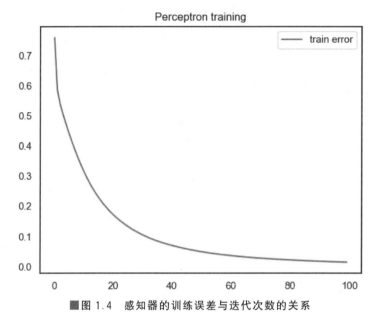

■图 1.4   感知器的训练误差与迭代次数的关系

如图 1.5,可以看出经过 100 次的迭代优化,感知器的决策边界已经可以很好地将 NAND 数据分开。

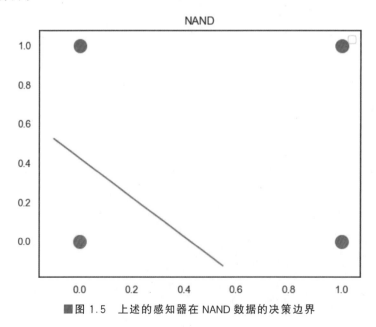

■图 1.5   上述的感知器在 NAND 数据的决策边界

那么这个感知器是否真的像理论所说的无法解决异或问题呢，我们对上述代码数据的类别改为异或问题：

```
f = np.array([[0,0],[1,1],[0,1],[1,0]])
g = np.array([1,1,0,0]).reshape(4,1)
```

我们仍然尝试感知器来解决异或问题，就会得到图 1.6，可以看到训练误差虽然也随着迭代迅速减小，但并不会趋于零，而是趋近 1，这代表着有一个数据是被错误分类的，而通过迭代来调节参数也无法完全正确分类。而决策边界的表现验证了这一点。

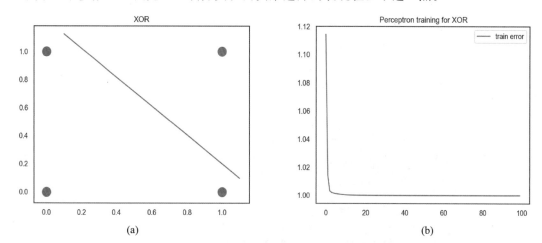

(a) (b)

■图 1.6　面对异或问题，(a)为感知器的决策边界，(b)为感知器的训练误差随迭代的变化

接着，我们来尝试使用多层感知器算法来解决异或问题，虽然我们已经定义好了一个类，给其增加隐层也会非常简单。但如果我们快速验证想法，可以使用 sklearn 中的多层感知器并简单调用它来解决异或问题，代码如下：

```
from sklearn.neural_network import MLPClassifier
import matplotlib.pyplot as plt
import seaborn as sns
import numpy as np

f = np.array([[0,0],[1,1],[0,1],[1,0]])
g = np.array([1,1,0,0])

clf = MLPClassifier(hidden_layer_sizes = 2, activation = 'logistic',
    solver = 'sgd')
clf.fit(f,g)

x_min, x_max = f[:, 0].min() - .5, f[:, 0].max() + .5
y_min, y_max = f[:, 1].min() - .5, f[:, 1].max() + .5

xx, yy = np.meshgrid(np.arange(x_min, x_max, .02),
```

```
                    np.arange(y_min, y_max, .02))

Z = clf.predict_proba(np.c_[xx.ravel(), yy.ravel()])[:, 1]

Z = Z.reshape(xx.shape)

sns.set(style = 'white')

plt.contourf(xx, yy, Z, cmap = plt.cm.RdBu, alpha = .3)
for i in range(4):
    if g[i] == 0:
        plt.scatter(f[i][0],f[i][1],s = 200,c = 'r',edgecolor = 'k')
    else:
        plt.scatter(f[i][0],f[i][1],s = 200, c = 'b', edgecolor = 'k')

plt.title('XOR')
plt.show()
```

其中,我们只是增加了一个隐层,将 hidden_layer_sizes 设置为 2,表示隐藏单元的数目为 2,将 activation 设置为 'logistic',表示激活函数使用 sigmoid 函数,将 solver 设置为 'sgd',表示优化算法使用随机梯度下降(我们会在第 3 章详细讨论)。如图 1.7,可以看到多层感知器的决策边界将数据正确分成了两部分,表明它可以解决异或问题。

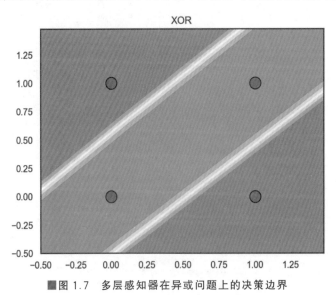

■图 1.7 多层感知器在异或问题上的决策边界

多层感知器作为机器学习模型的一种,模型的容量会随着隐层单元的数目增加而增加,如果将隐层单元的数目调节到 50,训练就会得到图 1.8,可以发现决策边界从原来的直线变得弯曲,在不存在数据的点的区域,决策边界试图变得闭合,这表明发生了微弱的过拟合。

在使用完 numpy 搭建的感知器和 sklearn 搭建的多层感知器,我们接下来使用本书代

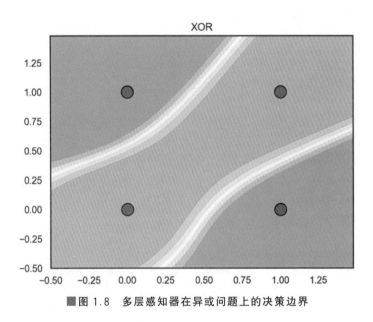

■图 1.8 多层感知器在异或问题上的决策边界

码示例真正的主角——Keras,目前有很多流行的神经网络框架,它的共同点是让我们搭建神经网络更加容易,目前流行的有 pytorch,tensorflow 和 MXNet,还有 Keras。这里选择 Keras 的理由是它实在是太容易入门了,对于初学者来说拿代码作为工具快速验证想法是非常重要的,而且 keras 并非那么的不灵活,如果我们熟练地掌握理论,更改 keras 的后端也会是一件很简单的事情。

读者大概只需要花几分钟的时间就可以简单上手它。首先,一个神经网络必须有输入/输出,在 keras 中,我们要先定义好一个模型:

```
from keras.models import Model
from keras.layers import

input inputs = Input(shape = (100,))
model = Model(inputs = inputs, outputs = inputs)
```

在上段代码中,我们创建了一个输入有 100 维的模型,但注意到我们的输入和输出都是一样的,这意味着我们只是创建了一个没有任何用处的 100 个神经元,放在 inputs 层里。keras.layers 类中提供了很多种层,我们接下来增加层,只需要:

```
from keras.models import Model
from keras.layers import Input,Dense
inputs = Input(shape = (100,))
x = Dense(32)(inputs)
model = Model(inputs = inputs, outputs = x)
```

在上段代码中,我们使用 Dense 函数来得到全连接层。接下来,我们需要激活函数,需要激活函数来调整神经网络,我们使用了 ReLU(我们会在第 4 章中讨论)作为激活函数,让其单独成为一层。并添加到原来的模型中：

```
from keras.models import Model
from keras.layers import
input,Dense,ReLU inputs = Input(shape = (100,))
x = Dense(32)(inputs)
y = ReLU()(x)
model = Model(inputs = inputs,outputs = y)
```

通过这样的添加，我们已经获得了一个两层的神经网络，输出的值就为激活函数的处理之后的输出，准确地说，这只是一个输入为 100 维，输出为 32 维的感知机，我们要继续添加层使其能够处理非线性问题，紧接着，我们添加一个用于输出的层，并采用 softmax 函数作为激活函数，添加到上述模型中：

```
from keras.models import Model
from keras.layers import Input,Dense,ReLU,softmax
inputs = Input(shape = (100,))
x = Dense(32)(inputs)
y = ReLU()(x)
out = Dense(10)(y)
out = softmax()(out)
model = Model(inputs = inputs, outputs = out)
```

我们最终的模型就是处理 100 维特征的 10 分类数据。为了达到同样的效果，激活函数可以在层内事先指定好，就像我们上面做的那样，也可以把激活函数和层放在一起写作：

```
y = Dense(32,activation = 'relu')(inputs)
```

两种方法没有什么特别的区别。模型搭建完成后，我们完成了表示的任务. 但在开始优化之前，我们需要初始化参数，keras 提供了参数初始化类，我们在对一个网络进行优化的时候会使用到它，比如我们想进行正态分布的随机初始化：

```
from keras import initializers
rn = initializers.RandomNormal(mean = 0,stddev = 1,seed = 42)
```

在上段代码中，我们设置好了一个均值为零，标准差为 1。随机数种子为 42 的正态分布随机初始化器。在搭建网络中通过 kernel_initializer 传递初始化方法，并将上述的模型总结起来：

```
from keras import initializers
from keras.models import Model
from keras.layers import Input,Dense,ReLU,softmax
rn = initializers.RandomNormal(mean = 0,stddev = 1,seed = 42)
inputs = Input(shape = (100,))
x = Dense(32,kernel_initializer = rn)(inputs)
y = ReLU()(x)
```

```
out = Dense(10, kernel_initializer = rn)(y)
out = softmax()(out)
model = Model(inputs = inputs, outputs = out)
```

同时,我们需要知道损失函数、优化算法和评估标准,它们分别可以从以下代码获得:

```
from keras import losses
loss = losses.categorical_crossentropy                                    # 损失

from keras import optimizers
sgd = optimizers.SGD(lr = 0.1, decay = 1e - 10, momentum = 0.9, nesterov = True)    # 优化

from keras import metrics
performance = metrics.categorical_accuracy                                # 性能度量
```

其中,我们指定损失函数的交叉熵,优化算法为带有 nesterov 动量的随机梯度下降(我们会在第 3 章详细讨论),评估标准为准确率。就可以用损失函数、优化算法以及评估标准编译好我们的模型:

```
model.compile(loss = loss, optimizer = sgd, metrcis = [performance])
```

最后我们开始训练数据:

```
model.fit(x = X, y = Y, batch_size = 32, epochs = 1, verbose = 1)
```

其中 X,Y 是我们的数据,特别需要注意的是,batch_size 就是指每次用于梯度更新的样本数量,epochs 指整体数据被迭代的次数,与 iteration 不同,iteration 是指进行的梯度更新的次数。verbose 是一个显示日志的开关,如果设置为 1,在训练过程中,会出现一个萌萌的进度条。训练完成后,我们可以方便地将 keras 模型保存为 HDF5 文件(需要安装python 库:h5py):

```
model.save('duxinshu.h5')
```

而当我们在其他地方使用这个模型时,只需要:

```
from keras.model import load_model
model = load_model('my_model.h5')
```

以上就是 Keras 的基本使用方法,也是后面用神经网络来验证想法的主要工具。

第2章 神经网络的训练

当我们使用神经网络来作为模型解决任务时,如何训练神经网络将会成为一个重要的问题,我们把特征变换参数化,就意味着需要学习其中的参数。很多人的认识里,误差反向传播算法作为神经网络训练的标准框架,其训练本质就是链式法则,但它其实只是比极大似然估计更为高效的训练而已。同时,神经网络的训练是非凸优化,理论分析较为有限,工程上的技巧更为重要。

2.1 基于梯度的一阶优化

在开始对神经网络训练之前,我们对优化的数值办法进行一般的讨论。

数值优化与解析法相对应,在很多情况下解析求解的效率太低。比如普通最小二乘算法,它的最佳参数表达为 $\theta^* = (\boldsymbol{X}^{\mathrm{T}}\boldsymbol{X})^{-1}\boldsymbol{X}^{\mathrm{T}}y$,虽然我们可以获得解析表达,但是当数据量变得非常庞大的时候,矩阵逆的计算都会变得非常慢。同时在很多情况下,我们无法获得参数的解析表达,就需要我们采用迭代的方式逼近最佳的参数值。

我们在统计学习中曾经提到过坐标下降法(coordinate descent),它的想法很简单,将变量分组然后针对每一组变量的坐标方向最小化 Loss,循环往复每一组变量,直到到达不再更新 Loss 的坐标点。但即便这样,坐标下降法仍然迭代的非常缓慢,很大一部分原因在于,它的搜索方向是固定的,只能沿着坐标的方向,而这样的方向并不能保证是最快的。同时,坐标下降需要假设变量之间的影响非常微弱,一个变量的最优不会影响到另一个变量的更新,但这一条件往往很难满足。

如图 2.1,坐标下降法应用到两个参数张成的空间,我们可以发现,迭代只在两个垂直的参数坐标方向上进行。

从优化的角度来看,坐标下降迭代慢的原因是,迭代方向并非是方向导数最大的方向,基于梯度是所有方向中变化最快的,见定义 2.1。我们可以利用梯度信息来进行迭代,正因为如此,梯度下降(gradient descent)也被叫作最速下降。

定义 2.1(方向导数和梯度) 某个标量 s 是多个向量变量的函数,记为 $s(x,y,z)$,它在某一点的微分存在,那么特定方向 d(单位向量)上的导数:

$$\nabla_d s = \frac{\partial s}{\partial d}\boldsymbol{d} \tag{2.1}$$

它的大小度量了该标量沿着该方向的变化率。在函数的某一点上,沿着各个方向的方向导数均可求出。梯度方向是所有的方向导数中最大的,它被定义为:

$$\nabla s = \frac{\partial s}{\partial x}\mathbf{i} + \frac{\partial s}{\partial y}\mathbf{j} + \frac{\partial s}{\partial z}\mathbf{k} \tag{2.2}$$

$\mathbf{i},\mathbf{j},\mathbf{k}$ 分别是三个变量 x,y,z 张成空间的坐标方向。

我们用 i 表示迭代的次数,L 表示损失函数,参数的优化在数学上可以被表示为:

$$\theta_{i+1} = \theta_i - \varepsilon\,\nabla_{\theta_i}\mathcal{L}(X,\theta,y) \tag{2.3}$$

在上式中,因为梯度指明了下降的最大方向,说明迭代的每一步,损失函数沿着梯度方向更新参数会得到最大程度的改变,如图 2.2,在两个参数张成的参数空间构成,可以发现,参数会沿着垂直于损失 contour 的方向进行更新,比起坐标下降要快了不少。

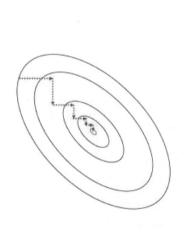

■图 2.1　坐标下降的示意图

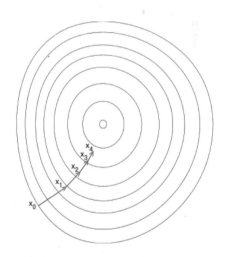

■图 2.2　梯度下降的示意图

值得注意的是,迭代过程中需要引入一个额外的参数,学习率 ε,它是一个标量,与梯度相乘,指明了下降的幅度。学习率出现全部的基于梯度的优化算法中,在优化的过程中学习率发挥着很重要的作用,对于它的处理有两种方法,一种是实现指定好一个足够好的学习率,另一种是使得学习率随着优化结果动态调整,我们会在第 3 章详细讨论。

2.2　基于梯度的二阶优化

梯度下降算法在梯度为零（$\nabla L=0$）的点停止迭代，并将此点作为最优参数。在参数空间中，梯度为零的点并不全是局部最小值，还可能是一个鞍点，见定义 2.2。如果算法停留在鞍点，那么就意味着优化算法失败，我们可以进行多次初始化参数来避免这一点。

定义 2.2（鞍点）　一阶导数为零，但是在该点邻域上的二阶导数正负号相反，比如 $y=x^3$ 在 $(0,0)$ 上的表现，一阶导数为零，但是左右邻域的二阶导数符号相反，表明这并不是一个极值点，而是一个鞍点。

高维参数空间的鞍点可以通过海森矩阵来判断，见定义 2.3。如果损失函数在参数空间上的某一点上的海森矩阵是正定的，那么该点就是极小值点，如果是负定的，那么该点就是极大值点，矩阵的正定性，见《统计学习必学的十个问题》中的第 6 章核方法中的定理 6.1。

定义 2.3（海森矩阵（Hessian））　实值函数 S 对于多变量的所有二阶偏导组成的矩阵，将多变量记为 $(x_1,x_2,\cdots,x_n)$，矩阵的每一个元素为：

$$H_{ij}=\frac{\partial^2 s}{\partial x_i \partial x_j} \tag{2.4}$$

海森矩阵由于是厄米矩阵，可以被对角化，它的特征值和特征向量可以分别定义为：

$$H_d=\lambda \boldsymbol{d} \tag{2.5}$$

如果特征向量被正交归一化，那么特征向量 $\boldsymbol{d}$ 就是基，那么特征值就是该方向上的二阶导数，两边同时乘以特征向量的转置，就可以得到：

$$\boldsymbol{d}^\top H \boldsymbol{d}=\lambda \boldsymbol{d}^\top \boldsymbol{d}=\lambda \tag{2.6}$$

对于鞍点，某个特征向量所对应的特征值就是负的，就意味着是这个方向上的极大值点，而另一特征向量所对应的特征值就是正的，意味着同时也是另一方向上的极小值点。如图 2.3，点 X 在 AB 方向是极小值，CD 方向是极大值。

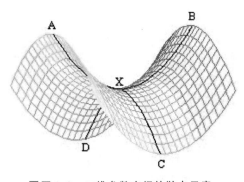

■图 2.3　二维参数空间的鞍点示意

其余方向的二阶导数就可以通过特征向量来计算，因为特征向量可以构成一组基（完备正交），所有向量都可以用这组基进行线性表示，可以理解为原始坐标轴旋转，与特征向量的方向对齐。任意方向 f 可以被表示为：

$$f = a_1 d_1 + a_2 d_2 + \cdots a_n \lambda_n$$

所以，任意方向的二阶导数都可以得到：

$$f^{\mathrm{T}} H f = a_1 d_1 + a_2 d_2 + \cdots a_n \lambda_n$$

海森矩阵除了用来判断极值和鞍点以外，它还包含了损失函数的曲率信息，因为海森矩阵的对角线就是参数的二阶导数，一个函数的导数衡量的是函数的变化率，二阶导数表示就是一阶导数的变化率。我们可以用它来获得梯度的变化信息，以衡量一阶优化算法的表现。

具体衡量方法就是泰勒展开，我们在《统计学习必学的十个问题》的第 8 章中，曾经使用泰勒公式的二阶展开来讨论 GBDT 的优化问题，得到了关于学习器的一个多项式。那么在讨论一般的优化算法中，我们也可以做类似的操作，来更深刻的洞察优化算法。

在一个典型的凸损失函数中，随着优化的进行，梯度会变得越来越小，在固定好小的学习率前提下，优化会越来越慢，可以将损失函数在参数 θ_0 附近做泰勒展开：

$$L(X,\theta,y) = L(X,\theta_0,y) + (\theta-\theta_0)^{\mathrm{T}} \nabla_\theta L(X,\theta_0,y) + \frac{1}{2}(\theta-\theta_0)^{\mathrm{T}} H(L)(\theta-\theta_0)$$

$$(2.7)$$

假设我们执行了一次梯度下降，从 θ_0 到 θ 那么就有关系：

$$\theta = \theta_0 - \varepsilon \nabla_\theta L(X,\theta_0,y)$$

将梯度 $\nabla_\theta L(X,\theta_0,y)$ 表示为 g，将其代入泰勒展开式，可以得到：

$$L(X,\theta_0-\varepsilon g,y) = L(X,\theta_0,y) - \varepsilon \boldsymbol{g}^{\mathrm{T}} \boldsymbol{g} + \frac{1}{2}\varepsilon^2 \boldsymbol{g}^{\mathrm{T}} H(L) \boldsymbol{g}$$

如果我们将后面两项写作一项，用来表示损失函数需要减小的项：

$$L(X,\theta_0-\varepsilon g,y) = L(X,\theta_0,y) - \left[\boldsymbol{g}^{\mathrm{T}}\boldsymbol{g} - \frac{1}{2}\varepsilon^2 \boldsymbol{g}^{\mathrm{T}} H(L)\boldsymbol{g}\right]$$

如果需要减小的项大于零，那么损失函数总会减小，比如海森矩阵的特征值均为负，其实对应着极大值点，那么无论学习率多小，损失函数总会下降很大。但是，如果海森矩阵特征值均为正，而且非常大，就意味着极小值附近的曲率非常大，固定学习率的情况下，执行梯度下降反而可能会导致损失的上升。

如果我们希望损失函数能下降最多，其实就是希望需要减小的项越大越好，在海森矩阵特征值为正的情况下，在我们将 ε 看作自变量，令其一阶导数为零，就得到了：

$$\boldsymbol{g}^{\mathrm{T}} g - t \boldsymbol{g}^{\mathrm{T}} H(L) \boldsymbol{g} = 0$$

也就是：

$$\varepsilon = \frac{\boldsymbol{g}^{\mathrm{T}} \boldsymbol{g}}{\boldsymbol{g}^{\mathrm{T}} H(L) \boldsymbol{g}}$$

上式表示着我们在执行梯度下降的每一次迭代，理论上的最佳学习率。

我们完全可以不采取梯度下降的办法来优化参数，式(2.6)给出了损失函数的二阶展开，但仍然是一个关于参数的函数，我们直接对上式求一阶导数，并令其为零，就可以直接得到最佳参数：

$$\theta - \theta_0 = H(L)^{-1} \nabla_\theta L(X, \theta_0, y)$$

上式就是著名的牛顿法（Newton method）的更新公式。牛顿法已经默认使用了一阶导数为零的信息，理想情况下，它只需要从初始参数点迭代一次就可以找到极小值点。同时，它利用了海森矩阵的曲率信息，一般而言也要比梯度更快。

2.3 普通训练方法的局限

当我们把神经网络当作一个流行的机器学习模型，神经网络只是一个包含着众多参数的非线性函数，回顾我们统计学习中的贝叶斯观点，我们对包含参数的模型使用极大似然估计就可以得到损失函数。以回归问题为例，假设目标值 t 对于输入变量 x 的条件分布是一个高斯分布：

$$p(y \mid x_0, \omega) = \prod_i N(\omega^T x_i, \sigma^2) \tag{2.8}$$

其中，分布的均值为 $\omega^T x_i$，通过最大化对数似然（见《统计学习必学的十个问题》第 3 章），我们就会得到均方误差函数：

$$\operatorname*{argmin}_w \sum_{i=1}^m \frac{1}{2\sigma^2}(y_i - \omega^T x_i)^2 \tag{2.9}$$

但在神经网络中，情况稍有不同，我们仍然可以假设条件分布为高斯分布，但其均值并非是 $\omega^T x_i$。因为在线性模型中，我们可以将每一个权重分配给每一个输入变量，而在神经网络中，只有输入层的权重直接作用于输入变量，其余层的权重系数是作用于上一层的输入，所以神经网络的权重和输入的关系是复合嵌套的，令 f 表示激活函数，输出 y 可以被表示为：

$$y(x, \omega) = \cdots \sum_K \omega_k f_k\left(\sum_J w_j f_j\left(\sum_I \omega_i x_i\right)\right) \tag{2.10}$$

虽然均值的改变并不会影响极大似然估计的使用，但是却会让损失函数变为非凸（见第 3 章）。在这里，我们先暂时忽略掉这种非凸的可能后果，只把损失函数看作是一个衡量输出和输入差异的平方损失：

$$\mathcal{L} = \frac{1}{2}\sum_{n=1}^N (y(x_n, \omega) - t_n)^2 \tag{2.11}$$

对其使用梯度下降法，我们会得到损失函数对于各个参数的偏导：

$$\frac{\partial \mathcal{L}}{\partial \omega} = \frac{\partial \mathcal{L}}{\partial y}\frac{\partial y}{\partial \omega} \tag{2.12}$$

其中，我们利用了偏导的链式法则，这一法则会在神经网络中广泛使用，这是链式法则存在于复合函数中，如式(2.10)，如果我们想计算浅层的参数 ω_i 的偏导，那么根据链式法则，偏导的计算为：

$$\frac{\partial y}{\partial \omega_i} = \frac{\partial y}{\partial f_k} \frac{\partial f_k}{\partial f_j} \frac{\partial f_j}{\partial \omega_i} \tag{2.13}$$

也就是说在估计浅层的参数偏导需要依赖于深层的结果,这种依赖关系使得普通的训练方法计算复杂度大大增加,因为普通的训练将每个参数的偏导进行单独的估计,很多计算都会重复。而我们如果想训练神经网络,无论是一阶方法还是二阶方法都需要计算损失函数的梯度,而且神经网络的参数数目庞大,我们需要找到更高效的办法。

2.4　误差反向传播算法的本质

误差反向传播(error BackPropagation)的提出主要就是用来解决神经网络中参数偏导的计算。

它主要分为两个步骤:

(1) 计算所有参数的偏导,这是反向传播主要解决的问题。

(2) 利用偏导信息(梯度)或者更高阶的信息(如海森矩阵)更新参数。

既然浅层参数的偏导依赖于深层参数的结果,那么我们不再对参数偏导的计算做独立的估计。一个典型的前馈神经网络如图 2.4,$\{1,2,3,i\}$ 表示输入层,$\{4,5,6,j\}$ 表示隐层,$\{7,8,9,k\}$ 表示输出层,见图 2.4。

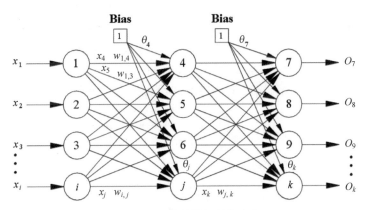

■图 2.4　简单神经网络示意

当使用输入获得输出时,就是信息前向传播。我们用 I 表示输入向量,I_i 表示输入层的第 i 个神经元,H 表示隐层向量,H_j 表示隐层的第 j 个神经元,连接权重 w_{ij} 就是输入层的第 i 个神经元到隐层第 j 神经元的权重,连接权重 w_{jk} 就是隐层的第 i 个神经元到输出层第 j 个神经元的权重,我们可以将两种权重收缩到两个矩阵中,矩阵 W 的元素为 w_{ij},矩阵 M 的元素为 w_{jk},先假设不使用激活函数,就有关系:

$$H = WI + b \tag{2.14}$$

$$H_j = \sum_i I_i \omega_{ij} + b_j^H \tag{2.15}$$

其中,我们用来 b^H 表示加到隐层上的偏置,同理,输出层的第 k 个神经元表示为 O_k,它与隐层的关系也有:

$$O = MI + b \tag{2.16}$$

$$O_k = \sum_j H_j \omega_{jk} + b_k^O \tag{2.17}$$

当我们获得了输出之后,损失就是输出向量 O 与实际向量 t 的函数:

$$\mathcal{L} = \mathcal{L}(O, t) \tag{2.18}$$

此时我们在使用输入信息获得输出,这一过程被称为信息的前向传播。我们首先来求矩阵 M 的参数偏导,因为损失函数作为输出值和真实值的函数,其中输出值又是权重系数的函数,根据式(2.17),偏导可以写作:

$$\frac{\partial \mathcal{L}}{\partial M} = \frac{\partial \mathcal{L}}{\partial O} \frac{\partial O}{\partial M} \tag{2.19}$$

它由两部分组成,我们把损失对输出的偏导这一项做一个简单的记号,表示输出层 O 的误差(error):

$$\delta^O = \frac{\partial L}{\partial O} \tag{2.20}$$

误差其实就代表着这一层神经元对于损失的贡献程度,它是一个包含 k 个元素的向量,δ_k^O 表示第 k 个神经元的误差。输出层的误差只与损失函数的形式有关,在神经网络的历史上,我们曾经将分类任务的损失函数由均方误差替换为交叉熵,就是出于误差的考虑,我们会在第 4 章详细讨论。同时,我们也可以将输出层对于参数矩阵的偏导,它属于向量对矩阵求导,结果是一个三阶张量,见定义 2.4,注意到 M 是一个 j 行 k 列的矩阵,但我们可以固定矩阵 M 的第 j 行来直观观察第 k 个输出单元偏导:

$$\frac{\partial O_k}{\partial m_{jk}} = \left[\frac{\partial O_k}{\partial \omega_{j1}}, \frac{\partial O_k}{\partial \omega_{j2}}, \frac{\partial O_k}{\partial \omega_{j3}}, \cdots, \frac{\partial O_k}{\partial \omega_{jk}} \right] \tag{2.21}$$

在上式中,其他权重均不与 O_k 相连,均为零。只有 $\dfrac{\partial O_k}{\partial \omega_{jk}}$ 处于对角元上,它等于:

$$\frac{\partial O_k}{\partial \omega_{jk}} = H_j \tag{2.22}$$

这说明了,第 k 个输出单元对于权重系数 ω_{ij} 的偏导就是隐层第 j 个单元的输出。同理,我们可以依次求出不同的隐藏单元下的第 k 个输出单元的偏导:

$$\frac{\partial O_k}{\partial \omega_{1k}} = H_1$$

$$\frac{\partial O_k}{\partial \omega_{2k}} = H_1$$

$$\frac{\partial O_k}{\partial \omega_{3k}} = H_1$$

定义 2.4(向量对矩阵求导) 假设向量 A 由矩阵 M 和向量 B 相乘得到：

$$A = MB \tag{2.23}$$

向量 A 的每一个元素 a_i 都是矩阵 M 每一个元素 m_{ij} 的函数，那么就可以定义向量 A 对于矩阵 M 的导数矩阵：

$$
\begin{bmatrix}
\dfrac{\partial A}{\partial m_{11}} & \dfrac{\partial A}{\partial m_{12}} & \cdots & \dfrac{\partial A}{\partial m_{1j}} \\[2ex]
\dfrac{\partial A}{\partial m_{21}} & \dfrac{\partial A}{\partial m_{22}} & \cdots & \dfrac{\partial A}{\partial m_{2j}} \\[2ex]
\vdots & & \ddots & \vdots \\[2ex]
\dfrac{\partial A}{\partial m_{i1}} & \dfrac{\partial A}{\partial m_{i2}} & \cdots & \dfrac{\partial A}{\partial m_{ij}}
\end{bmatrix} \tag{2.24}
$$

它本质上是一个三阶张量,之所以只讲解向量对矩阵的求导,这样对于初学者更容易拓展,如果是矩阵对矩阵求导,那么我们会得到一个四阶张量,如果是向量对向量求导,就会得到一个二阶张量,也是平常的矩阵。

同时,我们也可以求出不同的输出单元对于权重的偏导：

$$\frac{\partial O_1}{\partial \omega_{j1}} = H_j$$

$$\frac{\partial O_2}{\partial \omega_{j2}} = H_j$$

$$\frac{\partial O_3}{\partial \omega_{j3}} = H_j$$

所以,我们同时变换 j 和 k,将上述两项乘起来,最终的结果就可以写为一个矩阵：

$$
\frac{\partial \mathcal{L}}{\partial M} =
\begin{bmatrix}
H_1\delta_1^O & H_1\delta_2^O & H_1\delta_3^O & \cdots & H_1\delta_k^O \\
H_2\delta_1^O & H_2\delta_2^O & H_2\delta_3^O & \cdots & H_2\delta_k^O \\
\vdots & & & \ddots & \vdots \\
H_j\delta_1^O & H_j\delta_2^O & H_j\delta_3^O & \cdots & H_j\delta_k^O
\end{bmatrix}_{j \times k} \tag{2.25}
$$

上述的矩阵的每一个元素都对应着每一个 ω_{jk} 的偏导,上式的含义是,损失函数对隐层到输出层的权重(ω_{jk})的偏导等于所有与输出(O_k)单元相关联的隐层的输出(H_j)与该输出单元提供的误差的乘积。

我们完成了误差反向传播算法中对于初学者最难的部分,但此时我们还未接触到误差反向传播的本质。如果我们对输入到隐层的参数 W 进行更新,根据式(2.17),就会得到：

$$\frac{\partial \mathcal{L}}{\partial w} = \frac{\partial \mathcal{L}}{\partial H}\frac{\partial H}{\partial w} = \frac{\partial \mathcal{L}}{\partial O}\frac{\partial O}{\partial H}\frac{\partial H}{\partial w} \tag{2.26}$$

其中,第一项 $\dfrac{\partial \mathcal{L}}{\partial O}$ 在上面已经计算过,就是输出层的误差。而第二项 $\dfrac{\partial O}{\partial H}$ 是输出层向量对于隐层向量的偏导,根据定义 2.4,结果是一个二阶张量,实际上就是我们的参数矩阵 M：

$$\frac{\partial O}{\partial H} = M \tag{2.27}$$

同样的,我们定义隐层的误差为:

$$\delta^H = \frac{\partial \mathcal{L}}{\partial H} = \frac{\partial \mathcal{L}}{\partial O}\frac{\partial O}{\partial H} = \delta^0 \boldsymbol{M} \qquad (2.28)$$

此时我们得到了误差反向传播的真正含义,浅层的误差通过深层的误差传递过来,并参与到该层的权重偏导求解中。基于反向传播的神经网络的训练就是围绕如何最大可能的传递该误差这一问题来进行的。它的高效性就体现在,我们利用链式法则需要计算复合函数嵌套的每一步的链,而不少的链是重复的,反向传播算法传递了误差到每一层上,我们只需要看与该层误差直接相关的参数。

式(2.26)的第 3 项 $\frac{\partial H}{\partial W}$ 隐层对输入层的偏导,可以类比于上述的输出层对隐层的求导得出,最终我们对参数 W 的偏导为:

$$\frac{\partial \mathcal{L}}{\partial \boldsymbol{W}} = \begin{bmatrix} I_1\delta_1^H & I_1\delta_2^H & I_1\delta_3^H & \cdots & I_1\delta_j^H \\ I_2\delta_1^H & I_2\delta_2^H & I_2\delta_3^H & \cdots & I_2\delta_j^H \\ \vdots & & \ddots & & \vdots \\ I_i\delta_1^H & I_i\delta_2^H & I_i\delta_3^H & \cdots & I_i\delta_j^H \end{bmatrix}_{i\times j} \qquad (2.29)$$

当我们得到参数偏导之后,就代表着误差反向传播算法的第一阶段完成,接着,第二阶段就是使用偏导来更新参数,例如梯度下降:

$$M = M - \varepsilon\frac{\partial \mathcal{L}}{\partial M}$$

$$W = W - \varepsilon\frac{\partial \mathcal{L}}{\partial M}$$

我们也可以利用基于梯度的优化算法来进行更新参数,见第 3 章。

在完整的理解误差反向传播算法之后,我们来使用激活函数 f,此时,隐层上激活函数的添加更为容易理解,只是在计算参数偏导上多嵌套了一层复合函数的求导,从而区分了隐层的输入 H 和输出 $f(H)$:

$$\frac{\partial \mathcal{L}}{\partial O}\frac{\partial O}{\partial H} \rightarrow \frac{\partial \mathcal{L}}{\partial O}\frac{\partial O}{\partial f}\frac{\partial f}{\partial H} \qquad (2.30)$$

其中 $\frac{\partial f}{\partial H}$ 就是激活函数对于输入的一阶导,记为 f',误差传递也变为了:

$$\delta^H = \delta^O M \rightarrow \delta^H = \delta^O M f' \qquad (2.31)$$

上式是前馈神经难以训练的一个重要原因,参数的更新依赖于参数偏导的计算,偏导的计算需要得到每一层的误差,但是在误差传递的过程中,激活函数的一阶导小于 1($f'<1$),那么误差会在传递过程中逐渐减小,浅层的参数就无法得到更新,甚至激活函数的一阶导数趋于零,使得浅层传递而来的误差直接为零,我们称这一现象为梯度消失,将会在第 4 章详细讨论。

2.5 使用 keras

实际的模型在训练过程中,尤其是在深度学习中,参数会达到几千万个,参数空间会变得非常庞大,为了更好帮助大家理解优化算法,我们先用一维的损失函数,因为一维的坐标下降和基于梯度的更新都是在同一个方向上进行搜索,更容易理解。我们假设损失对于参数是一个非常简单的二次函数:

$$\mathcal{L}(\theta) = \theta^2 \tag{2.32}$$

它的一阶导数为:

$$\mathcal{L}' = 2\theta \tag{2.33}$$

根据梯度下降的方法,我们设定参数的初始值和较大的学习率,并将每一步的迭代用箭头表示出来,可以将代码写作:

```python
import numpy as np
import matplotlib.pyplot as plt
import seaborn as sns

def f(x):
  return(x ** 2)
def df(x):
  return(2 * x)


def GD(lr, start, iterations):
  x = start
  GD_x, GD_y = [], []
  for it in range(iterations):
    GD_x.append(x)
    GD_y.append(f(x))
    dx = df(x)
    x = x - lr * dx
  return(GD_x, GD_y)

def plot_track(learning_rate, iterations):
    GD_x, GD_y = GD(lr = learning_rate, start = -20, iterations = iterations)
    points_x = np.linspace(-20, 20, 100)
    points_y = f(points_x)
    sns.set(style = 'white')
    plt.plot(points_x, points_y, c = "k", alpha = 1, linestyle = "-", linewidth
        = 2)
    plt.scatter(GD_x, GD_y, c = 'red', alpha = 0.8, s = 20)
    u = np.array([GD_x[i + 1] - GD_x[i] for i in range(len(GD_x) - 1)])
```

```
v = np.array([GD_y[i+1] - GD_y[i] for i in range(len(GD_y) - 1)])
plt.quiver(GD_x[:len(u)], GD_y[:len(v)], u, v, angles = 'xy', width =
    0.005, \
        scale_units = 'xy', scale = 1 ,alpha = 0.9, color = 'gray')
plt.xlabel('x')
plt.ylabel('$ L $')
plt.title('learning rate:{}
    iterations:{}'.format(round(learning_rate, 2), iterations))
plt.show() plot_track(pow(2, - 4.2) * 16, 20)
```

如图 2.5，我们设置学习率为 0.87，迭代 20 次虽然可以迭代到最低点，但是每一次的迭代都是在最低点的震荡，这表明学习率仍然是很大的。

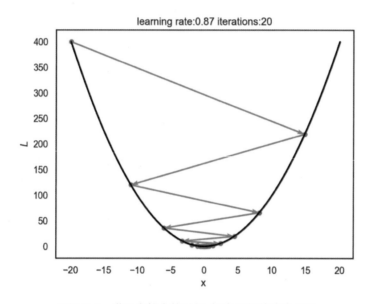

■图 2.5   学习率较大的时候，损失函数的迭代结果

所以我们可以将学习率设置得小一点：

```
......
plot_track(pow(2, - 7) * 16, 20)
```

如图 2.6，学习率较小的时候，迅速迭代到了极小值。这一结果告诉我们，一个恰当的学习率对于基于梯度的优化算法是非常重要的。

我们接下来来尝试牛顿法，需要注意到此时的损失函数的二阶导数是一个常数，如果我们直接利用牛顿法的更新公式：

$$\theta - \theta_0 = H(\mathcal{L})^{-1} \, \nabla_\theta \mathcal{L}(\theta_0) \tag{2.34}$$

就会发现此时的牛顿法不过是另一个学习率下的梯度下降，学习率固定为二阶导数的倒数，如果我们还想要在牛顿法和梯度下降法中看到更多的差别，就需要更换损失函数，为达到此

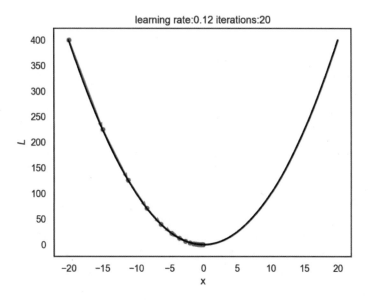

■图2.6 学习率较小的时候，损失函数的迭代结果

目的，我们在原来损失上添加一个小的三角函数项：

$$\mathcal{L}(\theta) = \theta^2 - \cos\left(\frac{\pi}{20}\theta\right) \tag{2.35}$$

三角函数的好处在于它的无穷阶不仅可导，而且不会成为常数，同时也不会对原来函数的形状有太大的影响，根据理论，牛顿法可以一步迭代到目标值。因为牛顿法需要利用二阶导数的信息，所以我们需要事先设定好一阶导函数和二阶导函数，在此基础上，我们延续上面的框架，可以写出：

```python
import numpy as np
import matplotlib.pyplot as plt
import seaborn as sns

def f(x):
    return( - np.cos(np.pi * x/20) + x * * 2)
def df(x):
    return(np.sin(np.pi * x/20) * np.pi/20 + 2 * x)
def ddf(x):
    return((np.pi/20) * * 2 * np.cos(np.pi * x/20) + 2)
def Newton(start, iterations):
    x = start
    Newton_x, Newton_y = [], []
    for it in range(iterations):
        Newton_x.append(x), Newton_y.append(f(x))
```

```
            g = df(x)
            h = ddf(x)
            x = x - g/h
        return(Newton_x,Newton_y)
def plot_track(iterations):
    Newton_x, Newton_y = Newton( start = -20, iterations = iterations)
    points_x = np.linspace( -20, 20, 100)
    points_y = f(points_x)
    sns.set(style = 'white')
    plt.plot(points_x,points_y,c = "k",alpha = 1, linestyle = "-", linewidth
        = 2)
    plt.scatter(Newton_x, Newton_y, c = 'red', alpha = 0.8, s = 20)
    u = np.array([Newton_x[i + 1] - Newton_x[i] for i in range(len(Newton_x) - 1)])
    v = np.array([Newton_y[i + 1] - Newton_y[i] for i in range(len(Newton_y) - 1)])
    plt.quiver(Newton_x[:len(u)], Newton_y[:len(v)], u, v, angles = 'xy', width = 0.005, \
        scale_units = 'xy', scale = 1 ,alpha = 0.9, color = 'gray')
    plt.xlabel('x')
    plt.ylabel('$L$')
    plt.title('iterations:{}'.format(iterations))
    plt.show()


plot_track(20)
```

如图 2.7，牛顿法一步就到达了最优点，后续的迭代不会起到作用，因为最优点的一阶导数为零。

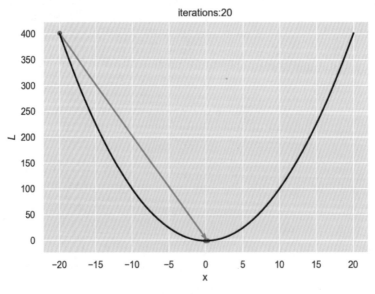

■图 2.7　牛顿法的迭代结果

但这并不意味着牛顿法是好的算法,在高维空间中计算海森矩阵的逆时间复杂度较高,更是因为牛顿法要执行下降到极小值,需要保证海森矩阵的正定,这一性质需要进行严格检验。我们只保留三角函数项作为损失:

$$\mathcal{L}(\theta) = -\cos\left(\frac{\pi}{20}\theta\right) \tag{2.36}$$

我们需要将函数以及其一阶导数,二阶导数更改为:

```
......
def f(x):
    return( - np.cos(np.pi * x/20))
def df(x):
    return(np.sin(np.pi * x/20) * np.pi/20)
def ddf(x):
    return((np.pi/20) * * 2 * np.cos(np.pi * x/20))
......
```

同时我们注意到原来的初始点 -20 刚好是一个极值点,这意味着我们无法进行迭代,所以我们也更改初始参数值:

```
......
Newton_x, Newton_y = Newton( start = -13, iterations = iterations)
......
```

如图 2.8,牛顿法在此时的损失和迭代初始值条件下,反而执行了上升的步骤,迭代至极大值就停止,这说明海森矩阵的性质对于牛顿法的具体执行有着绝对的影响。

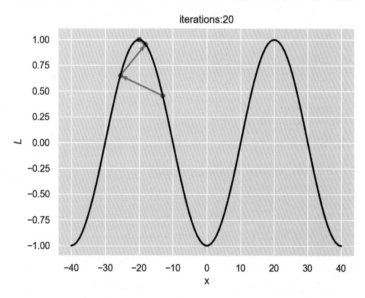

■图 2.8　海森矩阵非正定时,牛顿法的迭代结果

　　而我们在这种情况下执行梯度下降的时候,如图 2.9,梯度下降可以缓慢迭代至极小值点。从这个角度去理解牛顿法我们会发现,当海森矩阵为负定时,相当于梯度下降的学习率为负的,损失函数反而会上升,而梯度下降的学习率为事先指定为正值。

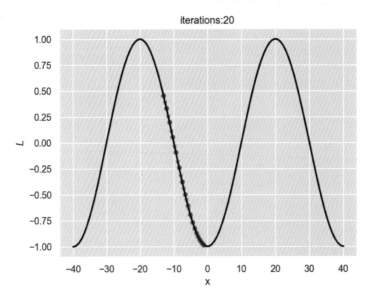

■图 2.9　海森矩阵非正定时,梯度下降的迭代结果

　　如果我们真的想使用牛顿法来作为优化算法,就可以在多设置几个初始值,或者检查初始值的海森矩阵。但我们还可以采用一种较为优雅的办法,既然海森矩阵的特征值存在为负的可能性,那么我们可以参考统计学习中的岭回归,它通过正则化项强行使样本矩阵满秩,那么我们也可以采用同样的办法使得海森矩阵强行正定:

$$\theta - \theta_0 = \left[H(\mathcal{L}) + \lambda \boldsymbol{I} \right]^{-1} \nabla_\theta \mathcal{L}(\theta_0) \tag{2.37}$$

我们在代码中,就将相应的迭代函数改为:

```
def Newton(start, iterations, alpha):
    x = start Newton_x,
    Newton_y = [], []
    for it in range(iterations):
        Newton_x.append(x), Newton_y.append(f(x))
        g = df(x)
        h = ddf(x)
        x = x - g/(h + alpha)
    return (Newton_x, Newton_y)
```

　　如图 2.10,实行了正则化的牛顿法可以顺利地执行下降步骤,一个小的正则化项可以帮助算法逃离海森矩阵负定的参数点,并且在随后的步骤中起到加速优化的效果。

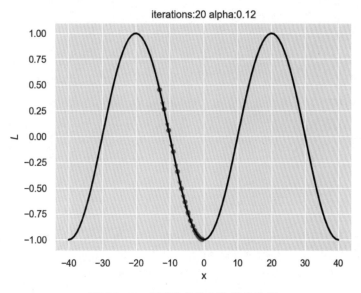

■图 2.10　正则化的牛顿法迭代结果

第3章 神经网络的优化难题

即使我们可以利用反向传播来进行优化,但是训练过程中仍然会出现一系列的问题,比如鞍点、病态条件、梯度消失和梯度爆炸,对此我们首先提出了小批量随机梯度下降,并且基于批量随机梯度下降的不稳定的特点,继续对其做出方向和学习率上的优化。

3.1 局部极小值,鞍点和非凸优化

正如我们在第 2 章讨论的,基于梯度的一阶和二阶优化都在梯度为零的点停止迭代,梯度为零的点并非表示我们真的找到了最佳的参数,更可能是局部极小值或者鞍点,在统计学习的大部分问题中,我们似乎并不关心局部极小值和全局最小值的问题,这是因为统计学习的损失函数经过设计是一个方便优化的凸函数,会保证优化问题是一个凸优化问题。

在凸优化问题中,比如最小二乘和线性约束条件下的二次规划,参数空间的局部最小值必定是全局最小值。但对于神经网络这样复杂的参数空间,损失函数就不再是一个凸函数,如图 3.1,非凸函数的局部极小值可能与全局极小值相去甚远,那么在理论上就无法保证一定会找到全局极小值。

但是我们并不用担心这样的问题,优化停止在局部极小值也是非常困难的,因为在高维参数空间中,局部极小值的海森矩阵必须是正定的,也就是说每个维度上的二阶导数都必须为正,要陷入真正的局部极小值也是很困难的。我们可以假设某一维度的二阶导数为正的概率为 s,那么在一个 d 维的参数空间的,找到局部极小值概率就是 s^d,可以看出局部极小值随着参数空间维度的增加,概率指数级下降。另一方面,目前的主流观点认为,局部极小值也具有小的损失函数,优化的目的只需要将损失函数降到足够低的水平,所以即便找到了局部极小值,但是损失函数已经降低到了足够低的水平,也是可以接受的。从理论上来说,真正容易陷入的是鞍点,鞍点的存在条件更为宽松,因为它在各个维度上二阶导数有

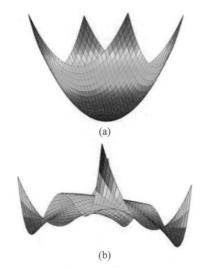

■图3.1　损失函数在二维参数空间的可视化,(a)为典型的凸函数,(b)为非凸函数

正有负。虽然有实验表明,基于梯度下降的算法可以逃离鞍点,但在理论上并无保证,面对更广泛的场景,单纯的梯度下降对于鞍点的表现仍然是一个需要证明的问题。

3.2　随机梯度下降的优势

一个好的优化算法,一方面我们希望它迭代更新的次数越少越好,最好能一步到位;另一方面我们希望计算的代价要小,也就是利用的信息要少。但这两者是无法兼得的,单纯的梯度下降只需要计算梯度,但在每一步下降只局限于大小为 ε 的局部方向,迭代更新的次数较多,而牛顿法这样的二阶优化,利用了海森矩阵包含的曲率信息,迭代更新的每一个点都可以保证是极值点或者鞍点,使得一般情况下的迭代更新次数更少,但是每次迭代时需要计算海森矩阵的逆。

如果我们想在牛顿法的基础上进一步的减小信息量,就可以考虑 BFGS(Broyden-FletcherGoldfalb-Shanno)这种著名的拟牛顿法,它并没有直接计算海森矩阵的逆,而是采取向量的乘积和矩阵的加法来代替了逆的计算,使得计算量进一步下降。但即便这样,深度学习中模型参数和训练数据的庞大,使得耗时仍然较为严重。

转向对梯度下降法的改良时,我们首先会注意到数据集内样本的冗余,很多样本太相似了,产生的损失也是相似的,对梯度估计的贡献也就是相似的,比如说我们只是采取复制的操作去扩充数据集,那么经过一次迭代,计算量翻了一番,但是得到的参数更新却是相同的。

我们完全可以采用少且有效的信息去替代冗余的信息,每次计算梯度时,我们不采用全部的样本,而是选择一个或者一批样本来进行梯度的估计,前者为随机梯度下降(Stochastic Gradient Descent),后者为小批量梯度下降(mini-batch gradient descent),在大部分情况

下,人们会混用它们,统一叫作随机梯度下降。它还会带来两个好处:

(1)小批量的梯度下降或者随机梯度下降,即便增加了迭代次数,但计算的代价少了,总体的效率仍然很高。

(2)随机的挑选小批量的样本一定程度上增加了梯度估计的方差(噪声项),反而使得梯度下降有机会跳出局部最小值和鞍点。

那么随机梯度下降的参数更新公式就由原来的:

$$\theta_{i+1} = \theta_i - \varepsilon \nabla_{\theta_i} L(X, \theta, y)$$

变为了:

$$\theta_{i+1} = \theta_i - \varepsilon \left[\frac{1}{m} \nabla_{\theta_i} \sum_i L(x^1, \theta, y^i) \right]$$

当使用随机梯度下降时,虽然可以更好地逃离局部最小值或者鞍点,但也会存在下降到真正的极小值(如果存在极小值的话),仍然无法停止迭代,但此时的梯度也会变得很小,所以会看到随机梯度下降并不会停留在极小值,而是在其附近微小振荡。另外实验表明,随机梯度下降会在迭代初期性能远远超越使用全部样本的梯度下降。但是,小批量随机梯度下降会引入一个额外的参数,就是批量的大小。小的批量可能会更有助于逃离梯度为零的点,但是迭代的次数却增加了,而大批量的效果恰恰相反,在应用中,它仍然是一个根据实际情况来指定的参数。

3.3 梯度方向优化

虽然梯度是所有方向导数变化最大的,但是因为小批量随机梯度的方差较大,表现为每一次的梯度方向都不相同,多次的迭代都被浪费在了来回移动上面;甚至只是因为初始值的选取,使得在迭代一开始所产生的梯度就无法朝向最佳的参数。如图3.2,初始值和小批量使得每一步的梯度下降方向并不一致,而是在损失函数的多个 contour 之间来回移动。本质上,这是因为梯度下降是一个贪心算法。

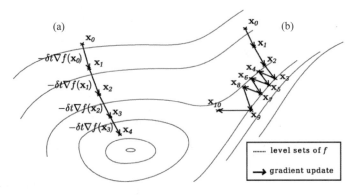

■图3.2 梯度下降算法的表现,(a)为理想情形,(b)为可能的实际情况

改善该问题的方法之一就是在执行梯度下降的时候,将每一步的下降都尽量积累在同一个方向上。动量(Momentum)算法引入了一个量叫作速度,用来积累以前的梯度信息:

$$\nu = \mu\nu - \varepsilon \left[\frac{1}{m} \nabla_{\theta_i} \sum_i L(X, \theta^i, y) \right] \qquad (3.1)$$

$$= \mu\nu - \varepsilon g(\theta^i) \qquad (3.2)$$

这种做法是出于物理上的考虑,损失函数的负梯度就相当于物理上的势的负梯度,我们把它叫作力,根据矢量加法,就可以直观地看出,累加的结果就是把每一次力的相同方向加大,而相反的方向相互抵消,使得速度在每次力的相同方向都越来越大,本质上就是对梯度的方向做了归一化,然后我们选择利用速度去更新参数:

$$\theta_{i+1} = \theta_i + \nu$$

让我们来考虑极端的情况,如果每次的梯度的方向一致,那么 ν 就会沿着一个方向越来越大,参数 μ 叫作动量因子,用来调节过去积累梯度与现在梯度的比重,μ 越大,那么过去的信息占的比重越大,本质上是一种加权移动平均法。参数的更新幅度不再单单只取决于当前的梯度,而是决定于当前梯度和历史梯度的加权平均。

同时,我们也可以在梯度计算之前就在参数中添加速度项:

$$\nu = \mu\nu - \varepsilon \left[\frac{1}{m} \nabla \theta_i \sum_i L(X, \theta^i + \alpha\nu, y) \right] \qquad (3.3)$$

$$= \mu\nu - \varepsilon g(\theta^{i+1}) \qquad (3.4)$$

这样就得到了 Nesterov 动量算法,简单来看只是添加的步骤不同,并且在循环中,标准的动量算法迟早都会执行参数更新后的梯度,事实上,两者有着根本的不同。

如果我们做一个简单的矢量加法,如图 3.3,它们两者的主要区别在于梯度的计算,当我们需要更新 θ^{i+1} 时,Nesterov 算法给出的更新方向是基于 $g(\theta^{i+1})$,表明在累积梯度方向信息时,会把当前参数梯度信息也计算进去,显得更为合理。

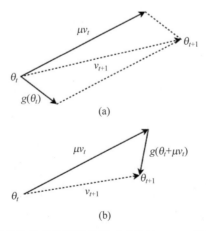

■图 3.3 (a)为动量法的参数更新示意,(b)为 Nesterov 动量的参数更新示意

3.4   动态调整学习率

动量算法一定程度上加速了梯度下降,但是却引入了另一个超参数 μ,更重要的是,实践发现,同样作为超参数,α 远远没有学习率 ε 重要。在第 2 章,利用泰勒展开式对梯度下降的表现作出了评估,在曲率特别大的地方,固定学习率可能会导致损失上升,我们就无法迭代到极小值。

所以我们希望动态地调整学习率,使得学习率在梯度很大的时候,变得小一些,不至于错过极小值,在梯度很小的时候变得大一点,使得在损失平坦的地方走得更快。这就是所谓的自适应学习率算法。

首先我们可以设想,优化算法是可以良好工作的,这意味着随着迭代次数的增加,它会越来越接近极小值,学习率应该越来越小,不容易错过极小值。所以很直接想法就是直接设置学习率随迭代次数的衰减(learning rate decay),比如指数衰减:

$$\varepsilon_t = \varepsilon_0 \beta^t \tag{3.5}$$

上式的 β 小于 1,为衰减率,t 为迭代次数。此外我们也可以设置其他的函数来描述这一衰减的过程。可是,学习率的指数衰减率一般都要事先指定,我们进一步的设想,这一衰减率可否从优化过程中自动学习到,同时每个参数对于梯度下降贡献不同,很多情况下,我们希望在一个参数方向上下降得快一点,而在另一个参数方向上下降得慢一点。

一个自然的想法就是,我们想在损失陡峭的时候走得慢一点,梯度大的时候,学习率应该小一点,也即,偏导数大的参数,学习率应该小一点,同时也想在平坦的区域走得快一点,梯度小的时候,学习率应该大一些。那我们如何知道这是一个平缓或者陡峭的区域呢?AdaGrad 算法使用一个量来累计历史梯度:

$$r = r + g \circ g$$

其中,$\circ$ 是哈达玛积(Hadamard product),见定义 3.1,这里使用哈达玛积是因为,我们需要分开处理每个维度上的梯度信息。

定义 3.1(哈达玛积)   哈达玛积区别于一般的矩阵乘法,假设 A 和 B 是相同维度的矩阵,A 和 B 的哈达玛积被定义为:

$$(A \circ B)_{i,j} = (A)_{i,j}(B)_{i,j} \tag{3.6}$$

接着,在学习率上乘以梯度的倒数,表示学习率与梯度的反比关系:

$$\varepsilon \rightarrow \frac{\varepsilon}{\delta + \sqrt{r}} \tag{3.7}$$

其中 δ 是非常小的常数,避免分母为零。它简单实现了动态调整学习率衰减的目标。但它积累了全部的历史梯度,使得学习率过早下降,可能永远无法迭代到最佳值。一种改进的方法就是,给不同时期的梯度赋予权重因子,使得较早的梯度不重要,而较近的梯度更重要:

$$r = \alpha r + (1 - \alpha)g \circ g$$

参数 α 是权重因子,用来调节历史梯度和当前梯度的权重。这样就得到了 RMSProp 算法。在此基础上,我们希望将动量算法这种针对梯度方向的优化和 RMSProp 这种自适应调节学习率的算法结合起来,结合两者的优点,相当于对动量算法提供的"速度"提供了修正。

回顾上一节的内容,动量算法其实就是将每次的速度作为参数的更新,即:

$$\Delta\theta = \nu \tag{3.8}$$

我们将 RMSProp 对于学习率的更新加入,使得更新的速度可以动态调整:

$$\Delta\theta = \frac{\varepsilon}{\delta + \sqrt{r}}\nu \tag{3.9}$$

这就得到了 Adam 算法的基本形式。动量使用的是梯度的一阶信息,而自适应学习率算法使用了哈达玛积,也就是梯度的二阶信息,所以有些书中会把 Adam 算法称为一阶矩和二阶矩结合起来的算法。

3.5　使用 keras

我们在第 2 章的代码中已经详细讨论了一维参数空间中梯度下降和牛顿法的表现,并且也看到了学习率和海森矩阵对于学习算法的影响,在本章我们延续上一节的思路,来讨论基于梯度下降算法的各类优化算法。首先我们构造一个简单的损失函数:

$$\mathcal{L}(\theta) = \theta_1^2 + \theta_2^2 \tag{3.10}$$

此时的损失是两个参数的函数,并且它是一个凸函数,对其使用梯度下降算法:

```python
import numpy as np
import matplotlib.pyplot as plt
import matplotlib.cm as cm
import seaborn as sns

def f(x,y):
    return x**2+y**2
def partial_x(x,y):
    return 2*x
def partial_y(y,x):
    return 2*y

def GD(lr, start, iterations):
    x, y = start[0],start[1]
    GD_x, GD_y ,GD_z = [], [],[]
    for it in range(iterations):
        GD_x.append(x)
        GD_y.append(y)
        GD_z.append(f(x,y))
        dx = partial_x(x,y)
        dy = partial_y(y,x)
        x = x - lr * dx
```

```
            y = y - lr * dy

        return(GD_x, GD_y, GD_z)

def plot_track(learning_rate, iterations):
    GD_x, GD_y, GD_z = GD(lr = learning_rate, start = [15,0.1],
        iterations = iterations)
    a = np.linspace(-20,20,100)
    b = np.linspace(-20,20,100)
    A,B = np.meshgrid(a,b)
    sns.set(style = 'white')
    plt.contourf(A, B, f(A,B), 10, alpha = 0.8, cmap = cm.Greys)
    plt.scatter(GD_x, GD_y, c = 'red', alpha = 0.8, s = 20)
    u = np.array([GD_x[i+1] - GD_x[i] for i in range(len(GD_x)-1)])
    v = np.array([GD_y[i+1] - GD_y[i] for i in range(len(GD_y)-1)])
        plt.quiver(GD_x[:len(u)], GD_y[:len(v)], u, v, angles = 'xy', width = 0.005, \
        scale_units = 'xy', scale = 1 ,alpha = 0.9, color = 'k') plt.xlabel('x')
    plt.ylabel('y')
    plt.title('learning   rate:{}
        iterations:{}'.format(round(learning_rate,2),iterations))
    plt.show()

plot_track(learning_rate = pow(2, -7) * 16, iterations = 100)
```

如图 3.4，梯度下降在简单的二维参数空间上快速迭代，它说明了梯度确实是下降最快的方向，并且在这样的凸函数中，两个参数是对称的，我们无论从哪一个初始点出发，只要使用相同的学习率，那么参数更新轨迹总是从起始点直接到达目标点。

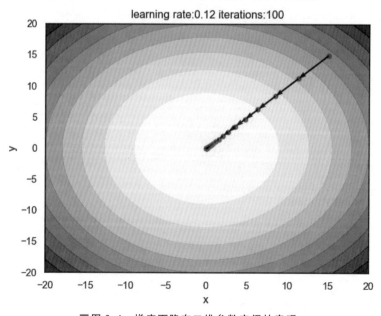

■图 3.4　梯度下降在二维参数空间的表现

一个有趣的想法就是我们可以通过设置参数学习率不同来改变其运动轨迹,因为参数具有对称性,梯度必然保持一致,根据梯度下降算法的参数更新公式 $\Delta\theta = -\varepsilon\nabla L$,影响更新大小就只有学习率,所以我们将参数的学习率设置为不同:

```
......
    def GD(lr, start, iterations):
    x, y = start[0], start[1]
    GD_x, GD_y , GD_z = [], [], []
    for it in range(iterations):
        GD_x.append(x)
        GD_y.append(y)
        GD_z.append(f(x,y))
        dx = partial_x(x,y)
        dy = partial_y(y,x)
        x = x - lr[0] * dx
        y = y - lr[1] * dy

    return(GD_x,GD_y,GD_z)

......

    plot_track(learning_rate = [pow(2, -7) * 16, 0.015], iterations = 50)
    plot_track(learning_rate = [0.015, pow(2, -7) * 16], iterations = 50)
```

在上段代码中,我们将学习率设置为一个列表,以便于传入不同的数值。如图3.5,对于对称的参数梯度,学习率的不同会显著影响学习的过程,以(a)为例,变量 x 的学习率稍大一点,所以其更新幅度大于变量 y 的更新幅度,在 x 方向上会迅速迭代到损失对于 x 偏导为零的点,而 y 方向几乎没有什么变化。此时,x 方向因为偏导为零,就不会发生迭代,反而在 y 方向上的偏导不为零,所以后期的轨迹就是沿着 y 方向缓慢迭代。(b)恰恰相反。

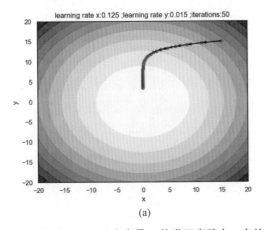
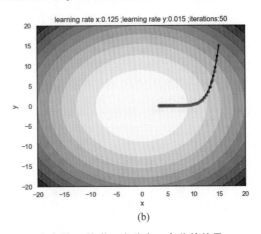

(a)　　　　　　　　　　　(b)

■图 3.5　(a)为变量 x 的学习率稍大一点的结果,(b)为变量 y 的学习率稍大一点儿的结果

　　事实上,我们可以将这个例子完全反过来,在一般的损失函数中,在学习率相同的情况下,两个参数的梯度不同,造成参数的更新幅度也并不相同,所以我们经常看到使用梯度下降会在参数空间迂回前进,这也同样解释了随机梯度下降的迂回前进,因为每个 batch 所估计的梯度也不相同,一定程度上加剧了迂回的程度,所以会看到 batch 越小,损失函数会在前期振荡得越剧烈。

　　所以在这里,相同参数梯度下学习率的差异与相同学习率下参数梯度的差异是等价的。因为参数更新方向的差异,我们对更新轨迹的方向尝试做优化,考虑动量法,构建算法为:

```
.....
def Momentum(lr, a, v_init, start, iterations):
    x, y = start[0], start[1]
    v = v_init
    M_x , M_y, M_z = [], [], []
    for it in range(iterations):
        M_x.append(x)
        M_y.append(y)
        M_z.append(f(x, y))
        v = a * v - [partial_x(x, y) * lr[0], partial_y(y, x) * lr[1]]
        x = x + v[0]
        y = y + v[1]
    return(M_x, M_y, M_z)
.....
```

　　在差异化的学习率下调用动量算法,并将动量因子设置为 0.9,这表明当前参数的更新会极大地依赖于历史梯度如图 3.6,一开始的梯度较大,所以参数在逐渐靠近极小值的时候速度并不为零,所以并不会立刻停下来,在远离极小值的时候速度逐渐减小,最终停留在极小值点。所以从图中可以看出,更新轨迹就像牛顿力学下的粒子在一个碗中滑动。

　　同时我们想得到用于参数更新的速度随迭代的变化,那么我们修改动量算法返回累计的速度信息,并且绘制出两个方向的速度与迭代次数的关系:

```
def Momentum(lr, a, v_init, start, iterations):
    x, y = start[0], start[1]
    v = v_init
    M_x , M_y, M_z, M_v = [], [], [], []
    for it in range(iterations):
        M_x.append(x)
        M_y.append(y)
        M_z.append(f(x, y))
        M_v.append(v)
        v = a * v - [partial_x(x, y) * lr[0], partial_y(y, x) * lr[1]]
        x = x + v[0]
        y = y + v[1]
    return(M_x, M_y, M_z, M_v)
```

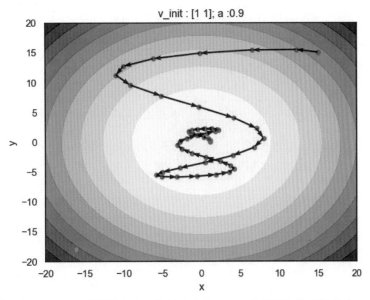

■图 3.6 动量因子为 0.9，初始速度为（1,1），动量算法的更新轨迹

```python
def plot_moment_v(learning_rate, iterations, v_init, a):
    M_x, M_y, M_z, M_v = Momentum(lr = learning_rate, a = a,
        v_init = v_init, start = [15, 15], iterations = iterations)
    plt.figure()
    plt.plot(range(iterations),[i[0] for i in  M_v],label = 'x', linewidth
        = 3)
    plt.plot(range(iterations),[i[1] for   i  in  M_v],label = 'y', linewidth
        = 3)
    plt.xlabel('iterations')
    plt.ylabel(' $ \nv $ ')
    plt.title('Momentum v at $ \mu = $ {}'.format(a))
    plt.legend()
    plt.show()

plot_moment_v(learning_rate = [pow(2, - 7) * 16, 0.015], a = 0.9, v_init = np.array([1,1]),
    iterations = 80)
```

如图 3.7，x 方向和 y 方向的速度具有相同的初值，所以它们从同一个起点出发。由于 x 方向的学习率较大，所以迅速产生了较大的速度，随着迭代的进行，越来越靠近极值点，梯度逐渐减小，但速度却在不断增大，当梯度的方向变化后，速度才会逐渐减小。所以 x 方向上速度的变化就像牛顿力学下谐振子的速度，极值点附近的速度反而是最大的。y 方向上的速度变化与 x 方向的道理相同，只是幅度较小。

在这个例子中我们可以预想到，因为一开始的梯度较大，所以稍微减小动量因子，使得在靠近极小值的时候速度变小，就可以更快地到达目标点。如图 3.8，设置动量因子为 0.8，

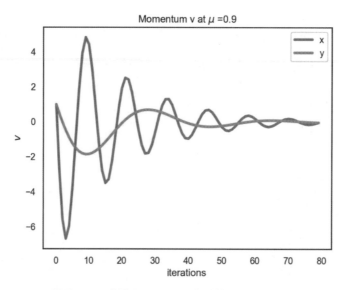

■图 3.7　动量因子为 0.9，动量算法速度的变化

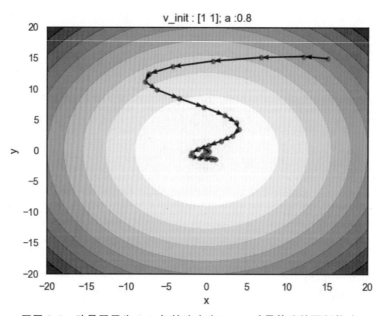

■图 3.8　动量因子为 0.8，初始速度为(1,1)，动量算法的更新轨迹

减弱了历史较大梯度的影响，迭代得更快。

　　另一个角度就是对于学习率本身的动态调整。在使用 RMSprop 算法之前，因为它提供了学习率衰减，所以为了避免学习率过早地衰减到零，我们一开始就将学习率设置的大一点，使得它在初期迭代得快一点；另一方面为了很直观地看到不同参数所积累的梯度信息，我们将初始的参数点设置为(15,7.5)，代码如下：

```
.....
def RMSProp(lr, d, ro, start, iterations):
    x, y = start[0], start[1]
    r = np.array([0, 0])
    RMS_x, RMS_y, RMS_z, RMS_r = [], [], [], []
    for it in range(iterations):
        RMS_x.append(x)
        RMS_y.append(y)
        RMS_z.append(f(x, y))
        RMS_r.append(r)
        g = np.array([partial_x(x, y), partial_y(y, x)])
        r = ro * r + (1 - ro) * g * g
        lr[0] = lr[0] /(d + np.sqrt(r[0]))
        lr[1] = lr[1] /(d + np.sqrt(r[1]))
        x = x - lr[0] * g[0]
        y = y - lr[1] * g[1]
    return(RMS_x, RMS_y, RMS_z, RMS_r)
.....
```

我们在构建 RMSprop 算法时,使用了 numpy 的两个数组直接相乘来得到哈达玛积,结果如图 3.9,即使我们设置了很大的初始学习率,RMSprop 能很快地迭代,而不会产生震荡。但是它并未迭代到最低点就几乎停止了,这是因为一开始的梯度较大,学习率过早衰减,那么也就很难到达目标点。

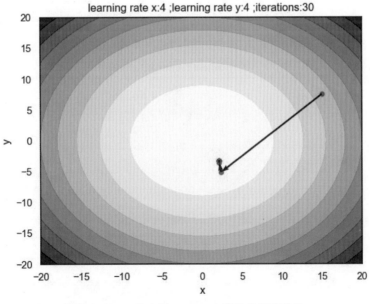

■图 3.9 $\mu = 0.9$ 时,RMSprop 算法的更新轨迹

我们在上述构建的算法函数中还将累计的梯度信息返回,这样是为了方便我们对累积梯度进行观察:

```
def plot_hadamard(learning_rate, iterations, ro, start):

    RMS_x, RMS_y, RMS_z, RMS_r = RMSProp(lr = learning_rate, d = 1e-6, ro = ro,\
        start = start, iterations = iterations)
    plt.figure()
    plt.plot(range(iterations), [i[0] for i in RMS_r], label = 'x',
        linewidth = 3)
    plt.plot(range(iterations), [i[1] for i in RMS_r], label = 'y',
        linewidth = 3)
    plt.xlabel('iterations')
    plt.ylabel('$ g \circ g $')
    plt.title('gradient hadamard product')
    plt.legend()
    plt.show()

plot_hadamard(learning_rate = [pow(2, -2) * 16, pow(2, -2) * 16 ],\
        iterations = 30, ro = 0.9, start = [15, 7.5])
```

如图 3.10，x 方向的参数梯度的哈达玛积随着迭代先增加后减少，这说明一开始的梯度比较大，在该方向上参数产生了一个较大的更新以后，梯度迅速减小。由于使用了 0.9 的移动平均来积累梯度信息，后面的梯度如果小于前面梯度的 $\dfrac{1}{10}$，梯度就会缓慢减小。y 方向的参数梯度的哈达玛积随着迭代缓慢增加，这意味着一开始的梯度较小，并且算法在该方向上迭代的次数更多。这一现象与参数初始点 $(15,7.5)$ 是对应的，损失函数在初始点在 x 方向上具有更大的偏导。

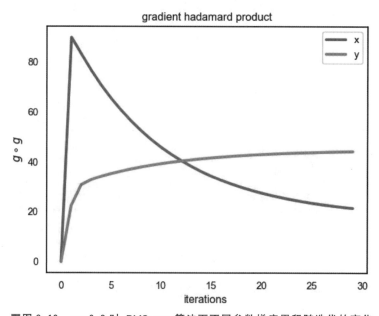

■图 3.10　$\mu = 0.9$ 时，RMSprop 算法下不同参数梯度累积随迭代的变化

第4章　神经网络的过拟合

　　基于改变参数的数量和大小为基础,我们在此文中主要探讨深度学习中的几种正则化手段,并证明其中一些方法与传统正则化方法的等价性,我们将不会对 L_1 和 L_2 正则化做详细讲解,并非是它们不重要,而是太过常见。首先需要明确的是,在深度学习中,参数包括权重系数和偏置,我们进行操作的参数往往指的是权重系数,类比于线性回归的斜率和截距,优化函数添加的惩罚项也不包括截距。

4.1　参数绑定和提前终止

　　当我们想从一个任务迁移到另一个类似的任务当中去,需要重新训练模型时,我们假设了任务之间存在相关性,就可以认为模型的参数应该也大致接近,我们就可以将惩罚项变为:

$$\Omega = \| \omega^1 - \omega^2 \|_2^2 \tag{4.1}$$

　　其中, ω^1, ω^2 分别表示两个任务中模型的参数,其中一个是已知的,我们将其叫作"参数绑定"。这样的形式实际上与我们的 L_2 正则化是等价的, L_2 正则化假设了参数先验是均值为零的高斯分布,惩罚距离零点过远的参数,而参数绑定则是强烈惩罚远离另一个任务中训练得到的参数,本质是将相似任务的参数作为了参数先验的均值。

　　而提前终止(early stopping)的技术来源于寻找超参数办法。在机器学习中,寻找超参数的最佳值最简单方法就是通过先设定超参数的范围,然后依次训练模型,选取能使得模型泛化能力的超参数的值作为最佳值。我们往往会在训练模型的过程中发现,在迭代时,训练误差一般都会减小,而测试误差则是先减小后增大,形成一个 U 形曲线,我们称之为"过度训练"。

　　如果我们在测试误差不再下降的时候,就停止训练,就会得到泛化误差最小的模型。事实上,提前终止也可以理解为一种正则化手段。因为训练的过程可以看作在参数空间逐步靠近最佳参数点,而提前终止在路径选取了一个点就中断了训练。

4.2　数据增强和噪声添加

在深度学习中,普通的正则化项的作用远不如统计学习那般作用明显,因为一般深层神经网络的参数远远大于数据量,正则化项可能使每个参数朝着先验的方向移动了一点点,但庞大的参数量会平均掉这种效果。最简单也是最有效的防止过拟合的方式是数据增强。

对于希望学习到某些不变性的任务,比如图像识别,我们可以对利用数据的不变性来实现数据增强。比如一只狗的图片,我们对其旋转、平移、缩放,甚至小角度翻转,都不会改变狗的分类,并且我们希望模型可以学习到这种不变性,那么就可以用这些方法来增加数据。但这些手段有着一定的局限性。

对输入添加噪声是数据增强的通用方式之一,噪声是如何防止过拟合的呢?我们以简单线性回归模型为例,在输入添加噪声,整个模型就会变成:

$$y_n = \boldsymbol{\omega}^{\mathrm{T}}(x + \varepsilon) = y + \boldsymbol{\omega}^{\mathrm{T}}\varepsilon \tag{4.2}$$

假设噪声项服从一个正态分布 $N(0, \sigma^2)$,那么我们的均方误差的期望值就会变为:

$$E[(y_n - t)^2] = E[(y - t + \boldsymbol{\omega}^{\mathrm{T}}\varepsilon)^2] \tag{4.3}$$

$$= (y - t)^2 + E[2(y - t)\boldsymbol{\omega}^{\mathrm{T}}\varepsilon] + E[(\boldsymbol{\omega}^{\mathrm{T}}\varepsilon)^2] \tag{4.4}$$

因为噪声独立于其他项,所以中间可以拆为两项期望值的乘积,又因为线性回归假设了以目标值 t 作为均值,所以中间一项为零,最后一项可以看作对正态分布的线性变换,最后的结果如下:

$$(y - t)^2 + \boldsymbol{\omega}^{\mathrm{T}}\boldsymbol{\omega}\sigma^2$$

我们得到了一个 L_2 正则化的形式,向模型的输入添加噪声本质上是和 L_2 正则化等价的。

4.3　Dropout

顾名思义,Dropout 是一种在训练神经网络中"丢弃神经元"的办法,注意,我们并不是通过直接删除神经元的办法来减小规模,而是让其输出为零,间接地达到删除的目的。使得某些神经元输出为零,与之相连的权重边也就不再重要,以减小模型复杂度。如图 4.1,(a)的神经网络经过一次随机丢弃就会变为(b)的子网络,我们并不是通过直接删除神经元的办法来减小规模,而是让其输出为零,间接地达到删除的目的。

除此之外,它在训练中采用了 Bagging 的方法,进一步地降低模型的方差,达到减弱过拟合的目的。它的具体训练过程如下:

(1) 与 Bagging 学习类似,首先从训练集有放回地采样出不同的子集。

(2) 将每个隐藏单元的输出分别乘以伯努利分布 μ,即变为:$y^D = \mu(p)y$。

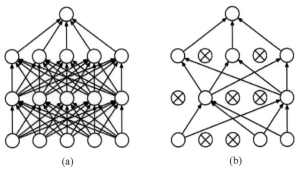

■图 4.1　Dropout 的示意

（3）此时我们得到了一个子网络，正常训练该网络。

（4）重复以上过程，并且将上次参加训练，但这次并未参加训练的参数值暂时"冻结"，将上次参加训练，这次也参加训练的参数正常使用。

我们可以分别从两个角度去理解 Dropout：

- 它与 Bagging 集成类似，将弱学习器的学习结果进行处理来得到最后的结果。我们选择采用伯努利分布去控制隐藏单元的参与，实际上就是在构建弱学习器。但是不同点在于，Bagging 集成的弱学习器是相互独立的，而 Dropout 的第（4）步告诉我们，在进行重复的过程中，所有的模型都是参数共享的。

- 它与权值加噪声类似，我们对于每一个参数乘以伯努利分布 μ，一般地，我们会将隐藏单元的概率设为 0.5，因为此时伯努利分布的信息熵最大，子网络的可能状态数也就最多。

我们将这两种理解结合在一起，就可以发现，子网络的可能状态数是指数级的，但我们根本不可能将所有的子网络都训练完成，我们可能只会训练一部分，而因为第（4）步的参数共享，可以使得大部分的神经元拥有很不错的参数。

4.4　使用 keras

我们采用 Boston 房价这一经典回归问题的数据集，因为它包含 404 个训练样例，102 个测试样本，特征维数为 13。对于深度学习而言，这样的数据量和特征都少得可怜，用一个简单的神经网络可能就会发生过拟合，这正是我们需要的。Boston 房价数据的特征具有不同的单位，比如有的特征是人均犯罪率，而有的特征是到就业中心的加权距离，特征之间单位的不一致，不利于后续对特征的统一处理，同时也是为了加快收敛，我们要先对数据做标准化处理。

```
from keras.datasets import boston_housing
from sklearn.preprocessing import StandardScaler
```

```
(x_train, y_train), (x_test, y_test) = boston_housing.load_data()

scale = StandardScaler().fit(x_train)
x_train = scale.transform(x_train)
x_test = scale.transform(x_test)
```

在上述代码中,我们载入了数据,并且 StandardScaler 类进行预处理,因为它可以保存好标准化训练集得到的均值和标准差,在转化测试集时也要使用它,因为我们假设训练数据和测试数据具有相同的分布,对测试数据不建议单独标准化。

接下来我们搭建一个较为复杂的网络用于回归问题,并且定义好一些常用的工具函数:

```
import numpy as np
from keras import models
from keras.layers import Dense
from keras import optimizers

def normal_model(a):
    model = models.Sequential()
    model.add(Dense(1024, activation = a, input_shape = (13,)))
    model.add(Dense(512, activation = a))

    for i in range(10):
        model.add(Dense(256, activation = a))
    model.add(Dense(128, activation = a))
    model.add(Dense(1, activation = 'linear'))
    model.compile(optimizer = optimizers.SGD(), \
                    loss = 'mean_squared_error', metrics = ['mean_squared_error'])
    return(model)

def train_model(model, batch_size, epochs):
    waitting_model = model('sigmoid')
    his = waitting_model.fit(X_train, y_train, batch_size = batch_size,
        validation_data = (X_test, y_test), \
                shuffle = True, verbose = 1, epochs = epochs)
    return his.history

def smooth_curve(points, factors = 0.9):
    smoothed_points = []
    for point in points:
        if smoothed_points:
            previous = smoothed_points[-1]
            smoothed_points.append(previous * factors + point * (1 - factors))
        else:
            smoothed_points.append(point)
    return(smoothed_points)
```

```
import matplotlib.pyplot as plt
import seaborn as sns

def plot_loss(epochs, his_loss):
    sns.set(style = 'white')
    plt.subplot(1,2,1)
    plt.plot(range(epochs),smooth_curve(his_loss['val_loss']),'-r',\
                linewidth = 2 ,label = 'validation loss')
    plt.title('Val Loss')
    plt.xlabel('epochs')
    plt.legend()
    plt.subplot(1,2,2) plt.plot(range(epochs),smooth_curve(his_loss['loss']),'-b',
                linewidth = 2 ,label = 'train loss')
    plt.title('Train Loss')
    plt.xlabel('epochs')
    plt.legend()
    plt.show()
```

在上面的代码中,我们定义了训练模型的函数和将训练结果做可视化的函数,其中还定义了一个用来平滑数据的函数,这是因为在训练过程中可能由于学习率或者小批量的缘故,损失函数和评估函数都会随着迭代而剧烈抖动,平滑函数会减弱剧烈的振荡。需要特别注意,因为特征有 13 维,所以在模型的输入上需要设置 13 维,因为是回归问题,我们可以将输出单元设置为线性,且只有一个。接下来我们直接调用函数来训练它:

```
his_loss = train_model(normal_model,batch_size = 64, epochs = 20)
plot_loss(epochs = 20, his_loss = his_loss)
```

如图 4.2,训练集上的损失随着迭代迅速下降,表明训练是成功的,而验证集上的损失随着迭代在波动,经过剧烈的上升后逐渐在某一值附近振荡。这是典型的过拟合表现。

根据我们的理论知识,我们采取相应的正则化手段去削减模型容量的时候,需要观察模型的经过几次迭代才会产生过拟合,如果正则化手段可以将过拟合所需的迭代次数增加,那么就意味着有效的。甚至,不会发生过拟合也可以理解为,过拟合会在无穷远处出现。我们首先尝试常见的正则化手段,在 keras 中,添加惩罚项的方法非常简单,它直接添加在层里面,表示这一层的权重矩阵、偏置、激活函数的阈值这三类参数构成的惩罚项均可以被添加到损失函数中,而其他没有设置正则化的层的参数不是添加到损失函数中。简而言之,我们可以实现针对中间 10 个隐层的正则化,在上面代码添加:

```
from keras import regularizers
def l2_model(a):
    model = models.Sequential()
    model.add(Dense(1024,activation = a,input_shape = (13,)))
    model.add(Dense(512,activation = a))
    for i in range(10):
        model.add(Dense(256,activation = a,
```

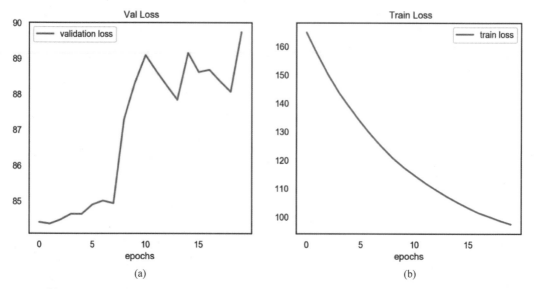

■图 4.2　普通的全连接网络的训练结果，(a)为验证集上的变化，(b)为训练集上的变化

```
                kernel_regularizer = regularizers.l2(0.1)))
    model.add(Dense(128, activation = a))
    model.add(Dense(1, activation = 'linear'))
    model.compile(optimizer = optimizers.SGD(),\
            loss = 'mean_squared_error', metrics = ['mean_squared_error']
            )
    return(model)


his_loss = train_model(l2_model, batch_size = 64, epochs = 20)
plot_loss(epochs = 20, his_loss = his_loss)
```

在上段代码中，我们添加了 L_2 正则化，并设置正则化参数为 0.1。如图 4.3，通过对隐层添加正则化的办法，验证集上损失随着迭代迅速下降，表明正则化防止了过拟合。

接下来我们来尝试使用添加噪声的方法，添加代码如下：

```
from keras.layers import GaussianNoise
def noise_model(a):
    model = models.Sequential()
    model.add(Dense(1024, activation = a, input_shape = (13,)))
    model.add(GaussianNoise(0.1))
    model.add(Dense(512, activation = a))
    model.add(GaussianNoise(0.1))
    for i in range(10):
        model.add(Dense(256, activation = a))
    model.add(Dense(128, activation = a))
    model.add(GaussianNoise(0.1))
    model.add(Dense(1, activation = 'linear'))
```

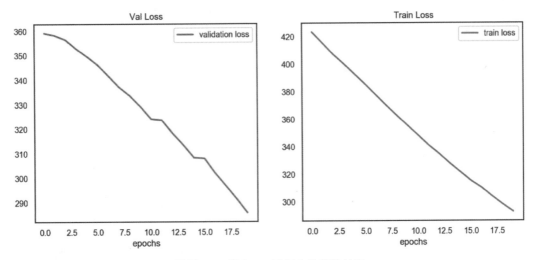

■图 4.3　添加 L_2 正则化的训练结果

```
model.compile(optimizer = optimizers.SGD(),\
            loss = 'mean_squared_error',metrics = ['mean_squared_error']
            )
return(model)

his_loss = train_model(noise_model, batch_size = 64, epochs = 20)
plot_loss(epochs = 20, his_loss = his_loss)
```

在上段代码中,我们将均值为零,标准差为 0.1 的高斯噪声添加到了三个隐层当中,结果如图 4.4,验证集上损失也会随着迭代缓慢减小,证明了很小的噪声也会对训练产生很大的影响。

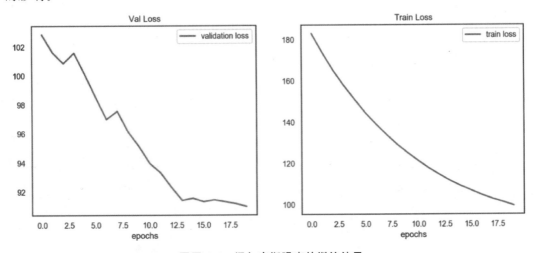

■图 4.4　添加高斯噪声的训练结果

最后,我们来尝试使用 Dropout 的方法,添加代码如下:

```
from keras.layers import Dropout
def dropout_model(a):
    model = models.Sequential()
    model.add(Dense(1024,activation = a,input_shape = (13,)))
    model.add(Dropout(0.5))
    model.add(Dense(512,activation = a))
    model.add(Dropout(0.5))
    for i in range(10):
        model.add(Dense(256,activation = a)) model.add(Dense(128,activation = a))
    model.add(Dropout(0.5))
    model.add(Dense(1,activation = 'linear'))
    model.compile(optimizer = optimizers.SGD(),\
            loss = 'mean_squared_error',metrics = ['mean_squared_error']
        )
    return(model)

his_loss = train_model(dropout_model, batch_size = 64, epochs = 20)
plot_loss(epochs = 20, his_loss = his_loss)
```

其中,我们将对于三个隐层进行了 dropout,丢弃比例为 0.5,结果如图 4.5,使用 dropout 的神经网络在前期迅速下降,但是在 epochs＝17 的时候,开始出现上升,这意味着过拟合仍然会出现。但是 dropout 比起普通的全连接网络延缓了其出现的时间,说明了 dropout 有防止过拟合的效果。

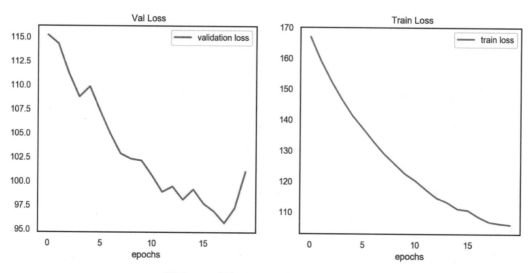

■图 4.5　添加 dropout 方法的训练结果

第5章　神经网络的神经单元

目前基于 BP 反向传播算法训练而来的神经网络都会面临着一个重要的问题,那就是梯度消失,梯度消失会让神经网络无法得到充分的训练,在性能上无法达到期望。无法得到有效训练的神经网络就好像一个无法发挥潜力的天才,为此,我们有一系列的方案去解决深度网络的训练问题。

5.1　梯度消失和梯度爆炸

虽然我们已经在第 2 章中的误差反向传播算法的本质中提到了梯度消失,并将其原因归结为激活函数的导数太小,以至于误差在层与层的传递之间逐渐减小。但是,为了更直观地看到激活函数对于权重更新的影响,我们再次举一个简单例子。可以假设某个神经网络由 l 层构成,但每一层都只有一个神经元,不使用偏置,前向传播过程为:

$$O = \omega_1 \cdots \omega_3 \omega_2 \omega_l X \tag{5.1}$$

在上式中加入激活函数 sigmoid,其实就是将每一层嵌套了起来,表现为多层的复合函数:

$$O = \sigma_l(w_l, \sigma_{l-1}(\cdots \sigma_1(\omega_1, x))) \tag{5.2}$$

同样,为了简单起见,假设我们的损失函数为 L,学习率为 1,使用梯度下降算法,第 l 层的权重系数变化为:

$$\Delta w_1 = -\frac{\partial L}{\partial O} \frac{\partial O}{\partial \omega_1} = -\delta^o \sigma'_l \sigma_{l-1} \tag{5.3}$$

在此基础上,利用式(2.27),我们所更新的第 $l-1$ 层权重系数变化为:

$$\Delta w_{l-1} = -\frac{\partial L}{\partial \sigma_{l-1}} \frac{\partial \sigma_{l-1}}{\partial \omega_{l-1}} = -\delta^o \omega_l \sigma'_{l-1} \sigma_{l-2} \tag{5.4}$$

在这里我们可以看到,层的参数更新的幅值不仅取决于激活函数的导数 ω'_{l-1},也取决于 w_1 和 δ^o。当 ω'_{l-1} 趋于零时,$\Delta\omega_{l-1}$ 也趋于零,表示这层的参数几乎不会更新,这就是梯度消失,而当 ω_l 变得非常大的时候,$\Delta\omega_{l-1}$ 就会变得非常大,这层的参数会发生巨变,这就是梯度爆炸。

所以梯度消失和梯度爆炸名字虽然非常对应,但是内在的原因并不一样。梯度消失往往是因为激活函数,而梯度爆炸往往是因为权重,尤其是在初始化的过程中,如果将权重设置得过大,那么就很可能发生梯度爆炸。

5.2　隐藏单元设计原则和 sigmoid 的非零中心

首先,我们有必要强调 sigmoid 隐藏单元更多意义在于其生物角度上,因为它将大范围的输入挤压到 $[0,1]$,对应着生物学神经元抑制和激活两种状态,但却在神经网络的优化过程中非常容易出现迭代缓慢和梯度消失的问题。但根据目前的主流观点,激活函数最重要的作用并非为了与生物学上状态严格对应,而是作为一个非线性函数来满足万能近似定理,从而保证神经网络可以近似任意的函数。

我们可以很快地排除两个简单的隐藏单元,即阶跃函数和线性函数,如图 5.1,阶跃函数在变量两端的导数均为零,在反向传播时,梯度流将会恒为零,左导数和右导数均为无穷大,不可计算。而线性函数在优化上没有什么困难,而且梯度流在逆向传播时会很稳定,但不符合万能近似定理,无法近似非线性函数。

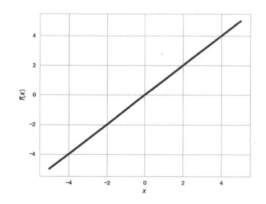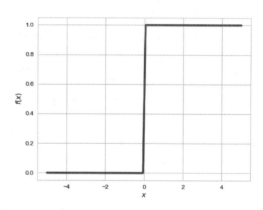

■图 5.1　作图为线性函数,右图为阶跃函数

对隐藏单元的理解有两条思路,其一,根据一些基本原则去自行设计,其二,基于阶跃函数和线性函数分别作出改进。首先我们根据理论知识来对隐藏单元的基本原则作出总结,也就是隐藏单元必须或者最好能拥有的特性:

(1)近似线性。为了避免大的梯度和小的梯度在深层网络中传播时对优化的影响,若梯度为1,则可以避免一些麻烦,但是,完全的线性又会违反万能近似定理,所以我们希望激活函数在某个区间内保持线性。

(2)连续性。我们希望对于每一个输入,都有输出。当某个可能的数值在激活函数上没有定义时,这个激活函数将没有输出,这是不被允许的。注意,输出为零与没有输出是两种截然不同的情况。

（3）几乎可微。完全可微性经常被人误以为是激活函数的必要条件,因为总是要计算梯度。实际上,我们不需要保证对所有的点都存在导数,有限的几个点不存在导数仍然是可以接受的,我们会用左导数或者右导数来替代导数没有定义的点。

（4）在上述三条的基础上,我们还希望它可以满足单调性。这一点存在着一些争议,因为有些激活函数并不是单调性的,但效果却很好。一般认为,单调性的激活函数会带来更好的收敛效果。

（5）小的饱和区域,甚至不饱和。我们已经在上文中看到,大量的饱和区域会使得深层的网络参数很难得到大幅度的更新,我们希望激活函数的梯度在很小的区域内为零。除此之外,函数本身等于零的区域也要尽量少。

（6）更小的计算量。一方面,我们希望激活函数计算起来较为简单,另一方面,我们希望激活函数的参数尽量少,因为激活函数每增加一个参数,整个神经网络要相应增加隐层包含神经元数量之和的参数数量,这对于优化仍然是不利的。

虽然我们称其为隐藏单元的设计原则,但这些原则都不是本质意义上的,但可以说,根据目前我们对神经网络的了解,这些原则是适用的。接下来,我们遵循第二条思路,从逐步改进的思路去理解隐藏单元的设计。根据阶跃函数不可微的缺点,我们可以选取喜闻乐见的 sigmoid 函数,这一函数曾经被大量使用,是很多人入门深度学习见到的第一个函数,如图 5.2。

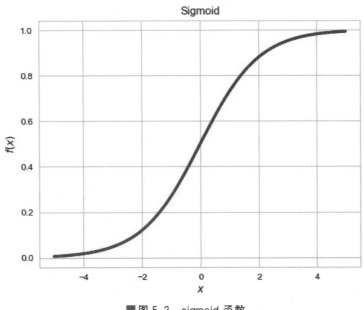

■图 5.2　sigmoid 函数

在这里,根据式(5.3),我们将会面对非零中心带来的问题,如图 5.3,sigmoid 函数和其导数均为正,σ'_l 永远是正的,而 σ_{l-1} 也永远是正的。

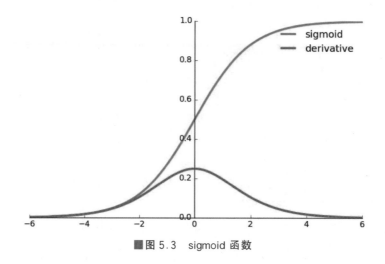

■图 5.3   sigmoid 函数

唯一决定其更新方向只有损失对输出的偏导,但对于某一确定的数据,这一项也是常数。也就是说,在 sigmoid 作为激活函数的情况下,存在多个参数的情况下,权重系数的更新会全部沿着同一个方向,我们假设存在两条权重边连入到其中,另一个参数的更新也与上述情况类似。此时,我们进行两个参数的更新:

$$\Delta w_1 = -\frac{\partial L}{\partial O}\,\sigma'\sigma_1 \tag{5.5}$$

$$\Delta w_0 = -\frac{\partial L}{\partial O}\,\sigma'\sigma_0 \tag{5.6}$$

因为 $\sigma_0\sigma_1$ 均为正,其余的条件均一样,ω_1 和 ω_0 的更新沿着同一个方向,当我们遇到需要减小一个参数,而增大另一个参数的时候,此种性质会造成迭代的冗余。如图 5.4,当我们需要增大 ω_0,减小 ω_1 时,由于上一步 sigmoid 函数的输出永远为正,参数只能沿同一个方向更新,要么全部增大,要么全部减小,就形成了 Z 形折线。

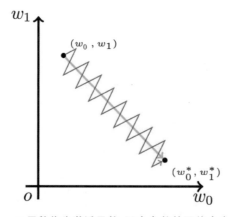

■图 5.4   sigmoid 函数作为激活函数,两个参数的可能会出现的迭代过程

sigmoid 的导数和函数值对于所有权重的更新永远沿着一个方向,所以迭代必然很缓慢。一个自然的思路就是,将其中之一的输出区间扩展到以零为中心,基于这样的思路,我们可以选取 tanh 函数,如图 5.5,tanh 函数是奇函数,而其导数均为正,使得连接到同一神经元的连接权重不再同时增大或者减小,而且在图中的 $[-2,2]$ 上,tanh 函数的输出值与线性函数类似,满足近似线性化的原则。

$$\tanh(z) = 2\sigma(2x) - 1$$

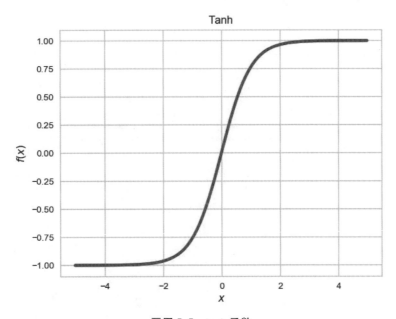

■图 5.5 tanh 函数

同时为了发挥线性的巨大优势,我们可以将中间区间的全部强制变成线性,这样就成为了 hardtanh 函数,如图 5.6。

$$y = \begin{cases} -1, & -x \leqslant -1 \\ x, & -1 < x \leqslant 1 \\ 1, & x > 1 \end{cases}$$

需要注意的是,这样的拓展方法本质是将原来的平滑曲线,强行分段,也被称为"硬饱和",对噪声就比较敏感,我们对输入加上一个极小的偏移,梯度仍然不变,但在训练过程中,我们希望在梯度流中,加了噪声和不加噪声具有不同的梯度。同时,tanh 和 hardtanh 并没有缓解梯度消失问题,反而加剧了它,所以我们需要一个在输入值太小和太大的时候,梯度变化仍需要显著的函数,我们尝试使用反正切函数,如图 5.7。

$$y = \arctan(x)$$

类似地,我们还可以使用 softsign 函数,如图 5.8。

$$\frac{x}{1 + |x|}$$

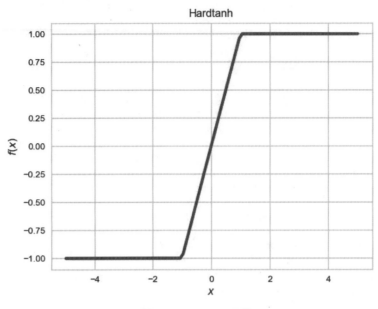

■图 5.6   hardtanh 函数

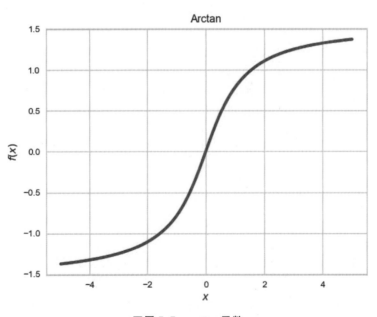

■图 5.7   arctan 函数

目前对于反正切函数和 softsign 函数都介绍很少,因为它们的梯度计算起来都是比较困难的。事实证明,在能够使用 sigmoid 函数作为激活函数的深层网络中,将其替换为 tanh 等类似零中心的激活函数可以改善学习效果。

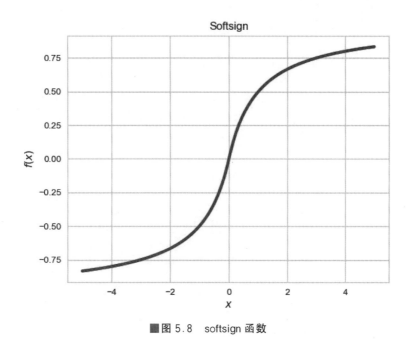

■图 5.8 softsign 函数

5.3 基于线性函数的改进和 maxout 单元

对阶跃函数的陆续改进中,一方面,仍然延续了"挤压"的基本性质,事实上我们已经了解到要达到非线性的目标,"挤压"并不是必要的,另一方面,在梯度计算简单、近似线性化和缓解梯度消失和爆炸,这三者中我们最多只能拥有其中的两个。所以,我们有必要思考另一条思路,就是基于线性函数的改进。对线性函数的改进首先要解决的问题是,如何将一个线性函数变为非线性的,同时又要继承近似线性化的优点。我们寻找近似线性的激活函数,比如 Bent identity,它的定义是:

$$\frac{\sqrt{x^2+1}-1}{2}+x$$

如图 5.9,Bent identity 是一个具有近似线性性质的函数,只是导函数比起 ReLU 较为复杂。ReLU 的设计是来源于另一个简单的想法,就是将激活函数变为一个分段线性函数,ReLU(Rectified Linear Unit)它被定义为:

$$\max\{0,x\}$$

如图 5.10,ReLU 表现为一个分段的线性函数来实现非线性。为什么分段线性函数是非线性的呢?回顾我们在统计学习中讲解的线性的定义,从数学上,我们可以说 ReLU 满足齐次性,但不满足可加性;直观来说,一个线性函数会将空间分割为平直的两部分,而非线性函数则不会,分段线性函数并不平滑,按照微积分的基本原理(黎曼可积),一个任意复

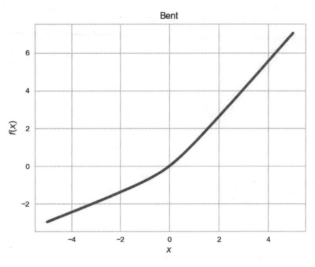

■图 5.9　Bent identity 函数

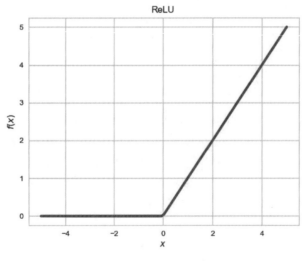

■图 5.10　ReLU 函数

杂的凸函数都可以通过线性函数的多次分段来逼近。

　　ReLU 在很大的区间内近似线性,避免了梯度消失和梯度爆炸问题。所谓的"单侧抑制"还会带来一个巨大的好处,当神经元的输入小于零时,输出为零,神经元未被激活,只有当神经元被激活时才会有信息被传入下一级的神经元,当神经元关闭时,与之相连的权重边就不再重要,就减少了参数的数量,因为参数的数量与模型容量密切相关,这种对网络的稀疏化减小了过拟合的可能。

　　同时,也会带来风险,我们已经在上一节知道,反向传播更新参数时,可以看作梯度的流动。而 ReLU 输入小于零的时候,梯度也为零,当神经元一旦关闭,就很难再次激活,当我们神经元的参数初始化为零,或者更新幅度太大时就会发生某些关闭的神经元在整个训练中就不再激活,这就是所谓的神经元"死亡"。

为了解决 ReLU 带来的潜在的优化风险,势必要破坏 ReLU 的稀疏化优势。我们可以尝试在输入小于零的时候,让其梯度不为零,比如 LeakyReLU,它被定义为:

$$y = \begin{cases} \alpha x, & x \leqslant 0 \\ x, & x > 0 \end{cases}$$

其中,α 是一个非常小的参数,就是希望能够避免神经元的死亡,又同时尽可能地保持原本 ReLU 的优点,当输入小于零时,神经元的激活也就很微弱,绝对值也不会特别大,这与我们的 L_2 正则化有相似之处,如图 5.11,同时我们可以注意到 LeakyReLU 仍然是硬饱和的。

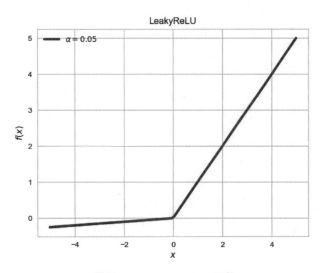

■图 5.11 LeakyReLU 函数

ELU 单元则改进 ReLU 的硬饱和特点,它被定义为:

$$y = \begin{cases} \alpha(\varepsilon^x - 1), & x \leqslant 0 \\ x, & x > 0 \end{cases}$$

如图 5.12,ELU 函数是平滑的。注意到我们使用 ELU 或者 LeakyReLU 时,引入了一个需要提前设定的参数,这个参数随着神经网络的结构和数据的不同,可能会存在差异,大多数情况下,我们会引入参数共享,即会对于所有的单元采取相同的 α,但将其确定好,仍然需要花费不少工夫。把如果这个参数可以内嵌到神经网络的学习过程中,使其变为一个可以被训练的参数,那么性能就会更加灵活,这就是所谓的 PReLU(Parametric ReLU),具体的形式与 ELU 和 LeakyReLU 相同,只是在训练过程中,我们需要多计算一个参数的梯度:

$$\Delta\alpha = \frac{\partial L}{\partial \alpha} = \frac{\alpha L}{\partial f} \frac{\partial f}{\partial \alpha}$$

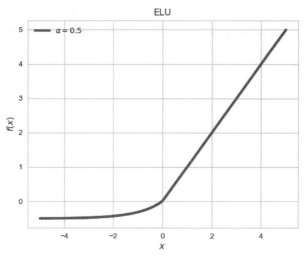

■图 5.12   ELU 函数

在 PReLU 中引入的可训练的参数是为了激活函数具备一定的灵活性,灵活性的另一种实现方法则可以基于门控(gated)加强对激活函数的参数化,比如 Swish 函数,它被定义为:

$$y = x\sigma(\beta x) \tag{5.7}$$

它使用 sigmoid 函数来控制近似行为,当 sigmoid 函数接近激活时,Swish 函数接近 x,当 sigmoid 函数接近关闭时,Swish 函数接近 0。sigmoid 函数内部的参数 β 来控制上述渐进行为的快慢,参数越大,表示随着 x 的变化,越快的接近激活或者关闭。

如图 5.13,随着 β 的增大,Swish 函数越来越接近 ReLU 的表现,当 $\beta=0$,函数就成为了一个完全线性函数。

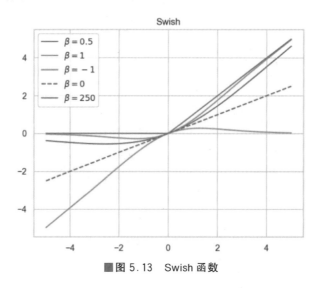

■图 5.13   Swish 函数

灵活性的最极端方式就是把激活函数本身当作学习的对象,比如 maxout 单元,它接受从上一层神经元的全部输出,而非传统激活函数只接受上一层神经元输出的和。考虑不加偏置的全连接网络,上一级有 i 个节点,那么这一层第 j 个 ReLU 接收的输入就是 $z_j = X_i^{\mathrm{T}} w_{ij}$,进入激活后,产生的输出就是 $\max\{0, z_j\}$。

而每一个 maxout 单元接受上一层神经元的全部输出,是一个向量,$[x_1, x_2, \cdots, x_i]$。如图 5.14,假设有两个输入,标准的 ReLU 神经元产生的是 $\max\{0, w_1 x_1 + w_2 x_2\}$,而添加 3 个神经元的 maxout 神经元产生的输出为:

$$\max\{v_{11}x_1 + v_{12}x_2, v_{12}x_1 + v_{22}x_2, v_{13}x_1 + v_{23}x_2\} \tag{5.8}$$

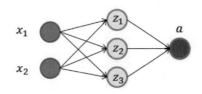

■图 5.14　maxout 激活函数

注意图中最后三条边并非权重边,在这个例子中,maxout 包含 6 个参数,若含有 k 个神经元,则参数的数量会变成原来的 k 倍。事实上,maxout 通过取最大值的方式可以逼近任意的凸函数,随着 k 的增加,拟合能力就会越来越强,同时参数的增多使得它比起一般的激活函数具有更多过拟合风险,一般需要加上更为有力的正则化机制。

5.4　使用 keras

经过上述的学习,我们都已经知道神经单元的类型会对网络的训练产生重要的影响,梯度消失是最为典型的情况。神经元影响梯度消失程度分为两种,一种是损失函数的选择,均方误差比起交叉熵更容易产生梯度消失;另一种是隐藏单元的选择,sigmoid 函数比起 ReLU 更容易产生梯度消失。我们会对这两种情况作出详细验证。

在这里,我们采用 MNIST 数据集,这是手写数字识别的著名数据。我们将数据导入,并定义了一个非常简单的模型:

```
import numpy as np
from keras.datasets import mnist
from sklearn.model_selection import KFold
from keras.models import Sequential
from keras.layers import Dense
from keras import optimizers
from keras.utils import to_categorical
import seaborn as sns
import matplotlib.pyplot as plt
```

```
# 导入数据
(X_train,y_train),(X_test,y_test) = mnist.load_data()

train_labels = to_categorical(y_train)
test_labels = to_categorical(y_test)

X_train_normal = X_train.reshape(60000,28 * 28)
X_train_normal = X_train_normal.astype('float32') / 255
X_test_normal = X_test.reshape(10000, 28 * 28) X_test_normal = X_test_normal.astype('float32') / 255

# 定义模型
def full_model(act, loss):
    model = Sequential()
    model.add(Dense(512,activation = act,input_shape = (28 * 28,)))
    model.add(Dense(256,activation = act))
    model.add(Dense(128,activation = act))
    model.add(Dense(64,activation = act))
    model.add(Dense(10,activation = 'softmax'))
    model.compile(optimizer = optimizers.Adam(),loss = loss ,\
                metrics = ['accuracy'])
    return(model)

def train_plot_loss(model, epochs, batch_size, losses):
    losses_his = {}
    for loss in losses:
        full_model = model(act = 'sigmoid',loss = loss)
        his = full_model.fit(X_train_normal, train_labels,
            batch_size = batch_size,\validation_data = (X_test_normal,test_labels), \
                        verbose = 1,epochs = epochs)
        losses_his[loss] = his.history
    sns.set(style = 'white')
    for key_loss in losses_his.keys():
        plt.plot(range(epochs), losses_his[key_loss]['loss'],label =
            key_loss)
        plt.legend()
        plt.show()
    return losses_his

losses_his = train_plot_loss(model = full_model, epochs = 10, batch_size
    = 256,\losses = ['mean_squared_error','categorical_crossentropy'])
```

在上段代码中,我们搭建了一个四个隐层的模型,并且定义了训练模型的函数,其中使用了均方误差和交叉熵分别训练模型。得到图 5.15,可以看出均方误差作为损失函数在训练集上几乎没有变化,而交叉熵却在缓慢下降,这说明使用均方误差可能会出现参数更新缓慢的情形。

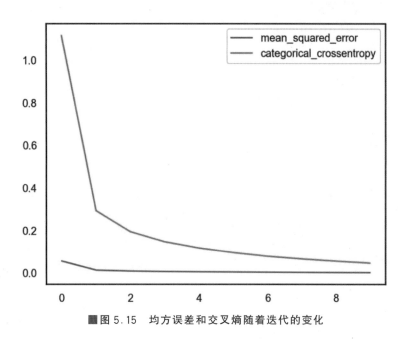

■图 5.15 均方误差和交叉熵随着迭代的变化

单纯的看训练集的损失并不能真的确定均方误差会让模型难以训练,更何况交叉熵和均方误差本来就是两个不同的函数,放在一起看没有太多的意义,所以我们还需要观察准确率和测试集的表现,添加如下代码:

```
....
sns.set(style = 'white')
for key_loss in losses_his.keys():
    plt.plot(range(10),losses_his[key_loss]['accuracy'],label = key_loss)
    # plt.plot(range(10), losses_his[key_loss]['val_accuracy'],label =
        key_loss)
plt.legend()
plt.show()
....
```

如图 5.16,无论是训练集还是测试集,使用均方误差在迭代的整个过程的准确率都小于使用交叉熵。这说明交叉熵能归模型进行更有效的训练。

经过上述的验证,我们对于分类问题采用交叉熵会让模型得到更好的训练,接着我们来探究隐藏单元对模型的影响,添加代码如下:

```
.....
def train_plot_act(model, epochs, batch_size, acts):
    acts_his = {}
    for act in acts:
        full_model = model(act = act, loss = 'categorical_crossentropy') his = full_model.
        fit(X_train_normal, train_labels,
```

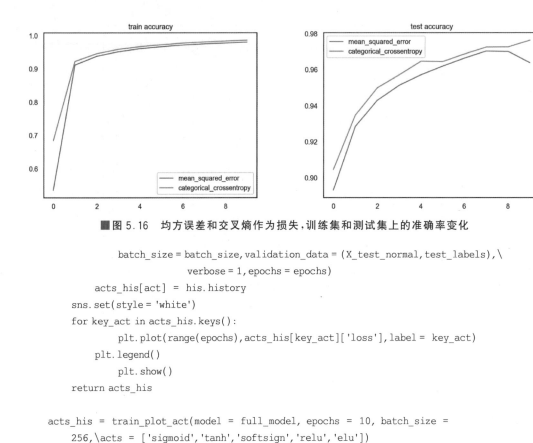

■图5.16 均方误差和交叉熵作为损失,训练集和测试集上的准确率变化

```
                batch_size = batch_size, validation_data = (X_test_normal, test_labels),\
                        verbose = 1, epochs = epochs)
        acts_his[act] = his.history
    sns.set(style = 'white')
    for key_act in acts_his.keys():
            plt.plot(range(epochs), acts_his[key_act]['loss'], label = key_act)
        plt.legend()
            plt.show()
    return acts_his

acts_his = train_plot_act(model = full_model, epochs = 10, batch_size =
    256,\acts = ['sigmoid','tanh','softsign','relu','elu'])
```

在上述代码中,我们分别设置了激活函数采用 sigmoid,tanh,softsign,relu 和 elu,并分别对同一个模型进行训练,结果如图 5.17,sigmoid 函数训练损失一直处于其他激活函数的上方,这正是因为 sigmoid 的饱和区较大,在误差反向传播中加重了梯度消失。并且因为非零中心的缘故,损失下降到和其他激活函数一样的水平需要更多次的迭代。

同时,我们也可以对使用不同激活函数时测试集和训练集上的准确率作出评估,添加代码如下:

```
act_train_acc = [acts_his[i]['accuracy'][-1] for i in acts_his]
act_val_acc = [acts_his[i]['val_accuracy'][-1] for i in acts_his]
acts = [i for i in acts_his]
sns.set(style = 'white')
plt.ylim(0.97, 1)
sns.barplot(acts, act_train_acc)
# sns.barplot(acts, act_val_acc)
plt.show()
```

如图 5.18,我们发现不同的激活函数在训练集和测试集上准确率的区别很小,这是因为神经网络的激活函数对于表示学习可能只起到非线性的作用,而 sigmoid 函数比起其他

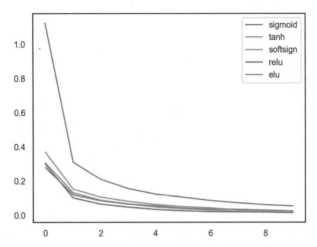

■图 5.17　不同类型的隐藏单元的训练损失随着迭代的变化

激活函数得到的准确率在训练集和测试集上都要小,也是因为网络没有得到有效训练的缘故。

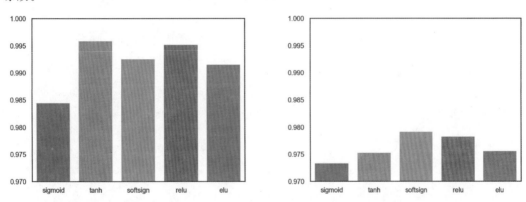

■图 5.18　10 个 epochs 后,不同类型的隐藏单元在训练集和测试集上的准确率

第6章　神经网络的深度训练

6.1　预处理和批标准化

在数据预处理阶段,有一种很常见的技术叫作标准化(Zero-Centered),它对于数据的每一个特征作如下操作:

$$X_i = \frac{X_i - \mu}{\sigma} \tag{6.1}$$

其中,μ,σ分别是样本的均值和标准差。它的优点主要有三个:

(1) 缩小取值范围。各个特征的取值范围可能存在严重的不协调,甚至有的特征比另外的特征数值高几个数量级,第二个特征比第一个高出了不止一个数量级,我们就可以通过标准化的方法来进行缩小取值范围,这样的表示在特征空间上更容易收敛。

(2) 比较与归一化技术等无量纲化的线性办法,标准化体现了更多的样本信息。归一化的计算为 $X_i = \frac{X_i - X_{min}}{X_{max} - X_{min}}$,虽然可以将样本范围缩小到[0,1],但这样的缩小范围,只利用了最大值和最小值,而且在数据不稳定的情况下,受到异常值和极端值影响较大,所以并没有标准化更加广泛的被使用。

(3) 特征取值的"序"不会发生变化。将所有的特征放在一个标准下处理,在距离计算(相似度估计)上存在优势,可能会使其更精确。

我们从标准化做预处理的角度来加速深层网络的训练,那么就可以在神经网络隐层做标准化,尽可能地保留了信息,又能起到加速训练的效果。代表性的技术就是批标准化(batch normalization),因为神经网络中,某一层的输入其实就是上一层的输出,所以它在训练过程中,对于每一个神经元的输出做标准化:

$$\mu = E[x_{batch}] \tag{6.2}$$

$$\sigma^2 = E[(X_{batch} - \mu)^2] \tag{6.3}$$

$$x_{batch} = \frac{X_{batch} - \mu}{\sigma} \qquad (6.4)$$

其中下标 batch 表示随机梯度下降算法的批次。如果我们想让批标准化更加灵活一些,那么可以加上两个线性变换的可学习参数(再缩放参数),最终变为:

$$X_{batch} = \gamma \frac{X_{batch} - \mu}{\sigma} + \beta$$

6.2 批标准化的不同视角:协变量偏差和协调更新

但是如果我们只是按照这样理解批标准化,我们只需要在数据传入的第一层做特征缩放就可以了,为什么需要每一层的神经元都需要做呢? 这是因为在深度学习中会存在协变量偏差(covariateshift),见定义 6.1。在神经网络中,某个神经层的输入分布如果变化,那么为了使输出保持稳定,参数就需要重新学习。所以在深度学习中,这又被叫作内部协变量偏差(internal covariateshift)。

定义 6.1(协变量偏差) 统计学的一个概念,描述了源域(S)和目标域(T)边缘分布的不一致 $P(X_{test}) \neq P(X_{train})$,但是他们的条件分布却是相同的,$P_T(y|x) = P_S(y|x)$。在机器学习的概率的视角,条件分布 $P(y|x)$ 是我们得到的模型,如果我们的训练集的 X_{train} 分布与测试集的 X_{test} 分布存在差异,那么就会出现协变量偏差。

如果发生了协变量偏差,如图 6.1,训练集和测试集的分布不同,我们拟合得再好也无法学习到真实的分布,所以总结起来就会得到两个结果:

(1)我们从训练集得到的模型运用在测试集上做性能评估,得到的并不会是模型的真实水平。

(2)训练集和测试集的分布差异太大,我们训练出的模型并不是真实的模型。

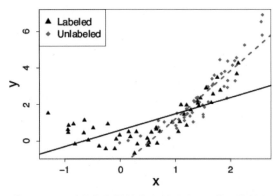

■图 6.1 测试集和训练集不同分布下,学习的结果

我们曾在统计学习中说,独立同分布要求训练集和测试集的样本都从同一个分布独立采样而来,这在理论上是一个强力的保证。但在实际过程中,我们无法做出完全的独立同分

布,所以我们一般会采用权重分布来参与学习,使得训练集和测试集分布差异较小的样本点来占据更大的权重。

所以从协变量偏差角度来看,我们在数据预处理的时候,往往会得到训练集的均值和标准差,并将其直接用在测试集上,这种信息共享的方式有利于减小这种不一致性。所谓的标准化就是减小分布差异的一种方式,回顾我们之前所学习的表示学习,从表示学习的角度来看,神经网络前面的所有层都可以看作获得一个更好的表示,最后一层才进行学习。

所以在神经网络的隐层中,我们获得的还是 $P(X)$,而非 $P(y|X)$,而这样是非常有可能加剧协变量偏差的程度。所以我们在很多层都会做这样的标准化操作,来尽可能减小偏差。特别需要注意,上述可学习的两个参数 γ,β 也可以理解为,普通的标准化操作会对原本学习好的特征分布造成破坏,加上这两个参数可以取得一定的弥补效果。

从误差反向传播的角度来看,某一个神经元参数的更新程度取决其他神经元的更新程度。我们假设一个最简单的神经网络结构,总共有 l 层,每一隐层只有一个输出 H,没有阈值,并且不使用激活函数,那么就有输出:

$$O = W_l H_{l-1} \tag{6.5}$$

我们对 W_l 进行更新的时候,写出它的更新公式:

$$\Delta W_l = -\varepsilon \frac{\partial L}{\partial O}\frac{\partial O}{\partial W_l} = -\varepsilon \delta^O H_{l-1} \tag{6.6}$$

本质上,上式只是式(2.24)的化简版,但仍然可以看出,参数 ΔW_l 的大小不仅取决于该层的误差,而且还决定于上一隐层的输出 H_{l-1}。假设隐层共有 h 个神经元,意味着参数的更新为:

$$\Delta W_l = -\varepsilon \delta^O \left[H_{l-1}^1, H_{l-1}^2, H_{l-1}^3, \cdots, H_{l-1}^h \right] \tag{6.7}$$

训练就是在调整参数的大小,参数的变化可以和它自身的量级相匹配,参数就越快地可以趋于稳定。但是如果隐层的多个输出远远不在同一个数量级上,就好像数据的特征也远远不在同一个数量级上,就需要我们对隐层的每一个单元进行缩放,将隐层的所有单元都拉回到同一量级的取值范围内。解决这个问题有两个思路:

(1) 调整学习率 ε,使得在对于不同量级的隐层输出有着不同的学习率,从而改变不同量级的隐层输出对于参数更新的影响。

(2) 调整隐层的输出,使得它们在同一个量级上,使其参数的更新至少在同一量级上,就对数据做了一次预处理。

第一条思路就对应着我们的动态调整学习率算法,我们对于每个参数都采取了不同的学习率,而第二条思路正是我们所作的批标准化,对每一层的每个神经元进行标准化,巧妙地削弱了将层与层之间的复杂依赖性,使得每一层的参数更新轻微地独立于其他层的输出,训练得能更好。

6.3 自归一化神经网络

采取批标准化操作其实就是将每个神经元的输出变为一个均值为零、方差为 1 的正态分布,也可以通过直接设置激活函数来做到这一点。回顾第 5 章的内容,ELU 还有一个优点,它可以将激活函数的均值保持为零,激活输出的均值逼近 0 对于降低协变量偏差很有帮助。在此基础上,一种叫作 SELU 的激活函数可以实现自动归一化。它将 ELU 变为了:

$$y = \begin{cases} \lambda\alpha(e^x - 1), & x \leqslant 0 \\ \lambda x, & x > 0 \end{cases}$$

总体上乘以 λ,则是将在 $x > 0$ 时原本为 1 的梯度稍微变大了一点点,根据中心极限定理,我们假设输入变量 X 服从均值为 0,方差为 1 的高斯分布,即:

$$\mu_x = 0, \quad \sigma_x^2 = 1$$

那么在进入激活函数之前,就有:

$$z = \sum_i^N W_i X_i$$

我们希望 $\mu_z = 0$,那么就有:

$$\begin{aligned} \mu_z &= E[z] \\ &= E\left[\sum_i^N W_i X_i\right] \\ &= \sum_i^N E[X_i] W_i \\ &= NE[X_i]E[W_i] \\ &= N\mu_x\mu_\omega \end{aligned}$$

从这里看出,依据我们对输入均值为零的假设,无论怎样,z 的均值总是零的,但我们为顺利推导出方差的关系,最好也将权值的均值也设为零。

同时我们希望 $\sigma_z^2 = 1$,那么就有:

$$\begin{aligned} \sigma_z^2 &= E[(z - \mu_z)^2] \\ &= E\left[\left(\sum_i^N W_i X_i\right)^2\right] \end{aligned}$$

这个二阶项可以拆成两部分来计算,因为它只包含了权重与输入的平方项和交叉项:

$$E[(W_i X_i)^2] = W_i^2 E[X_i^2] = W_i^2\sigma_x^2 \quad E[W_i X_i W_j X_j] = W_i W_j E[X_i]E[X_j] = W_i W_j\mu_x\mu_x = 0$$

所以上述一项可以被写为:

$$\begin{aligned} E\left[\left(\sum_i^N W_i X_i\right)^2\right] &= \sum_i^N W_i^2\sigma_x^2 \\ &= N\sigma_x^2\sigma_w^2 \end{aligned}$$

此时我们在推导 $\sum\limits_{i}^{N} W_i^2 = N\sigma_w^2$，就利用了权值均值为零的条件，使得我们可以简单地将其看作对权值平方求平均的结果，就是我们的方差，所以我们就得到了：

$$\sigma_w^2 = 1/N$$

这意味着，我们使用 SELU 作为激活函数的时候，需要权重系数服从均值为零，方差为 $\sqrt{1/N}$ 的高斯分布我们就得到了第一个对权值的要求。在具体的实践中，这一点往往不太好保证，但是我们可以将权值的初始化服从该分布。

6.4 ResNet

一般认为，网络的深度增加会学习到更复杂的表示，会在性能上超越浅层网络，但是网络层数的增加会让模型更难训练，我们在误差反向传播算法中就可以看到，随着网络层数的增加，浅层的梯度计算链也会变的越来越长，梯度消失也会变为最主要的障碍。根据实验，如图 6.2，更深的网络并不会带来更好的性能，反而比浅层的网络还要弱，这不是因为过拟合，而是没有得到有效的训练。

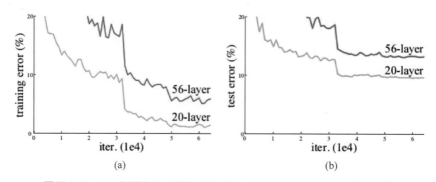

■图 6.2   (a)为训练误差随迭代的变化，(b)为测试误差随迭代的变化

我们可以假设，如果深层网络相比于浅层的网络多出的层，并没有执行学习任务，而是只是将浅层所得到的表示，复制到下一层。在反向传播时，我们对这些只执行复制任务的层不进行更新，训练完成之后，我们将这些层再加进去。表面看起来，这是个深层网络，实际上却等价于一个浅层网络。

ResNet 作为深度学习最具创造力的发现之一，巧妙地利用这一思路。如果这一层本来学得的特征分布为 $F(x)$，我们只是将前面某层的输入 x 跨层与 $F(x)$ 相加，那么就有最后学得的特征分布 $H(x) = F(x) + x$。$F(x)$ 的参数更新依赖于 $H(x) - x$，如果残差为零，说明 $H(x) = x$，那么只是简单跨层的复制操作，至少不会使得深度网络比浅层网络更差。

如果我们仍然采用上述的简化神经网络来分析梯度的变化，如图 6.3，可见有 2 层，每一层都只有一个神经元，没有阈值，并且不使用激活函数，同时在第 3 层添加恒等映射。

那么就有输出：

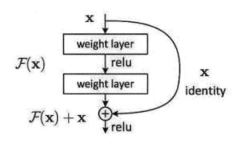

■图6.3　恒等映射的结构表示

$$O = \omega \left[x + F(x) \right]$$

那么对于第三层的反向传播，权值参数的更新会给出：

$$\Delta w = -\varepsilon \frac{\partial L}{\partial O} \frac{\partial O}{\partial x} = -\varepsilon \frac{\partial L}{\partial O} \omega (1 + F'(x))$$

上式意味着添加了恒等映射的网络在训练中，参数的更新因为加上了 1 的缘故，能享受到较大的梯度。

6.5　使用 keras

通过以上知识我们了解了深层网络的训练代表性方法，分别是批标准化，SELU 和 ResNet，接下来我们使用比 MNIST 数据分类任务更加困难的 fashionMNIST 数据，它是一个服装的灰度图像，包含了 70 000 个样本，分为十大类，包括 T 恤、裤子、包、凉鞋、靴子等，如图 6.4。

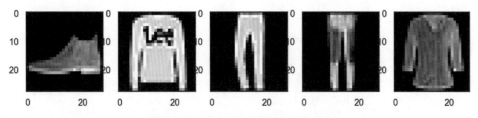

■图6.4　fashionMINST 数据图片示例

在 keras 中可以很方便地导入它，并且它除了内容，其余的文件格式，训练集和测试集划分都与 MNIST 一样，所以我们通过以下方式来导入它，并且做标准化：

```
import numpy as np
from keras.datasets import fashion_mnist
from keras.utils import to_categorical
from sklearn.preprocessing import StandardScaler

(X_test,y_test),(X_train,y_train) = fashion_mnist.load_data()
```

```
train_labels = to_categorical(y_train)
test_labels = to_categorical(y_test)

X_train = X_train.reshape(10000,28 * 28)
X_train = X_train.astype('float32') / 255
X_test = X_test.reshape(60000, 28 * 28)
X_test = X_test.astype('float32') / 255

scale = StandardScaler().fit(X_train)
X_train = scale.transform(X_train)
X_test = scale.transform(X_test)
```

接着,我们搭建一个模型函数,将层数作为参数,以方便地调节层来控制模型的深度,添加代码如下:

```
from keras import models
from keras import optimizers, f
rom keras.layers import Dense
import matplotlib.pyplot as plt
import seaborn as sns

def n_layer_model(n):
    model = models.Sequential()
    model.add(Dense(100,activation = 'relu',input_shape = (28 * 28,)))
    for i in range(n):
        model.add(Dense(100,activation = 'relu'))
    model.add(Dense(10,activation = 'softmax'))
    model.compile(optimizer = optimizers.SGD(),\
                loss = 'categorical_crossentropy',metrics = ['accuracy'])
    return(model)

def train_model(n_dict, epochs, batch_size):
    losses_his = {}
    for model in n_dict.keys():
        full_model = n_dict[model]
        his = full_model.fit(X_train,train_labels,batch_size = batch_size,\
                validation_data = (X_test,test_labels), \
                verbose = 1, epochs = epochs)
        losses_his[model] = his.history
    return losses_his

def plot_loss(losses_his,epochs):
    sns.set(style = 'white')
    for key_loss in losses_his.keys():
        plt.plot(range(epochs), losses_his[key_loss]['loss'], linewidth
            = 3, label = key_loss)
        plt.xlabel('epochs')
```

```
    plt.ylabel('train loss')
    plt.legend()
    plt.show()

losses_his = train_model({'shallow model':n_layer_model(21), 'deep model':
    n_layer_model(56)},10, 1024)

plot_loss(losses_his, epochs = 10)
```

其中,我们定义了训练模型的函数,用来比较不同模型在训练损失上的变化。因为模型是否得到有效的训练和模型容量是两个截然不同的问题,我们主要用来探究模型是否可以得到恰当的训练,所以只需要观察训练集上的表现,而不需要观察测试集上的表现。

运行以上代码,分别训练 56 层的深层模型和 21 层的浅层模型,我们就会得到图 6.5,可以看出深层模型损失几乎不随着迭代的变化而变化,而浅层的模型训练损失随着迭代迅速下降,再次验证了深层的神经网络难以训练的事实。

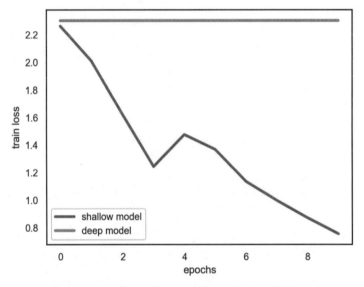

■图 6.5 深层网络和浅层网络训练损失随着迭代的变化

我们着手来利用上面所学的知识来改善这个问题,首先我们使用批标准化来尝试解决,添加代码如下:

```
from keras.layers import BatchNormalization as BN

def BN_model(n):
    model = models.Sequential()
    model.add(Dense(100,activation = 'relu',input_shape = (28 * 28,)))
    for i in range(n):
        model.add(Dense(100,activation = 'relu'))
```

```
        model.add(BN())
        model.add(Dense(10, activation = 'softmax'))
        model.compile(optimizer = optimizers.SGD(),\
                    loss = 'categorical_crossentropy', metrics = ['accuracy'])
        return(model)

losses_his = train_model({'BN model':BN_model(56), 'deep model':
    n_layer_model(56)},10, 1024)

plot_loss(losses_his, epochs = 10)
```

在上段代码中,我们定义了一个带有 BN 的神经网络,且模型的深度仍然是 56 层。训练结果如图 6.6,只是添加了一层的标准化层就可以使得原本无法训练的深层模型得到训练,这说明在原本的深层网络中,协变量偏差的情况可能是很严重的。

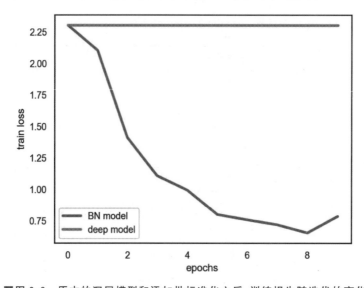

■图 6.6　原本的深层模型和添加批标准化之后,训练损失随迭代的变化

接着,我们来使用添加了 Lecun normal 初始化的 SELU 神经网络,添加代码如下:

```
from keras.initializers import lecun_normal
def selu_model_lecun(n):
    model = models.Sequential()
    model.add(Dense(100, activation = 'selu', kernel_initializer = lecun_normal(),\
        input_shape = (28 * 28,)))
    for i in range(n):
        model.add(Dense(100, activation = 'selu'), kernel_initializer = lecun_normal())
    model.add(Dense(10, activation = 'softmax'))
    model.compile(optimizer = optimizers.SGD(), loss = 'categorical_crossentropy',\
            metrics = ['accuracy'])
    return(model)
```

```
losses_his = train_model({'SELU    model   using   lecun
    normal':selu_model_lecun(56), 'deep model': n_layer_model(56)},10, 1024)
plot_loss(losses_his, epochs = 10)
```

其中,我们对每一个隐层都采用了 selu 神经元来代替原本的 relu 单元,并且采用了 lecun normal 作为初始化,模型的深度仍然是 56 层,训练结果如图 6.7,使用了 SELU 自归一化神经网络就可以将深层模型得到训练,并且比起批标准化的速度快了一些。

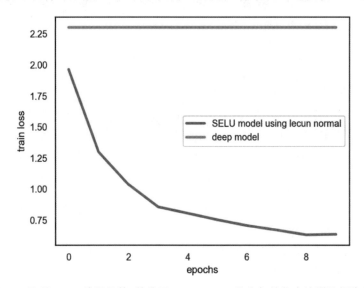

■图 6.7 使用 SELU 神经元的,并使用 lecun normal 作为初始化方法训练损失的结果

最后,我们来添加恒等映射模块,等效于层与层之间添加连接,添加代码如下:

```
def identity_block(input, units, act):
    x = layers.Dense(units,activation = act)(input)
    x = layers.Activation('relu')(x)
    x = layers.Dense(units,activation = act)(x)
    x = layers.Activation('relu')(x)
    x = layers.Dense(units,activation = act)(x)
    x = layers.Activation('relu')(x)
    x = layers.Dense(units,activation = act)(x)
    x = layers.add([x, input])
    x = layers.Activation('relu')(x)
    return x
def res_model(n):
    input_tensor =  Input(shape = (28 * 28,))
    x = Dense(100,activation = 'relu')(input_tensor)
    for i in range(n):
    x =  identity_block(x,100,'relu') y = Dense(10,activation = 'softmax')(x)
    model = Model(inputs = input_tensor, outputs = y)
    model.compile(optimizer = optimizers.SGD(),\
```

```
                    loss = 'categorical_crossentropy', metrics = ['accuracy']) return(model)

losses_his = train_model({'res model':res_model(14), 'deep model':
        n_layer_model(56)},10, 1024)
plot_loss(losses_his, epochs = 10)
```

在上述代码中，我们加入了一个四层的恒等映射，并在定义好的 res model 中反复使用 14 次，大概等效于 56 层的普通模型。结果如图 6.8，添加恒等映射的神经网络虽然起始损失很大，但损失迅速下降，速度超越了 BN 和 SELU。

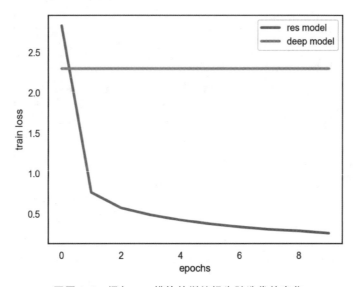

■图 6.8　添加 res 模块的训练损失随迭代的变化

第7章 卷积神经网络

卷积神经网络用来处理欧几里得空间的网格结构的数据,在计算机视觉领域表现良好。它使用卷积(互相关)操作来学习变量的局部特征表示,来代替普通前馈神经网络中的全连接乘积,并且通过广泛存在的权重共享机制保证了一定的不变性同时大大减小网络参数,目前是最流行的神经网络之一。

7.1 局部连接和权重共享

正如我们在上一节所提到的,很多时候我们需要在输入变量经过旋转和平移,或者其他的一些变换时,输出仍然保持稳定。也就是说,我们需要保证特征变换不应该随着输入变量的旋转或者平移发生变化,这就需要我们对局部特征做出好的描述,普通的全连接神经网络将一张图像的像素点完全展开,就很可能破坏掉了局部特征。

之所以称为局部特征,就是因为相邻数据之间的相关性要大于距离较远的数据的相关性,而全连接网络无法捕捉到这样的相关性,所以我们需要使用局部连接而非全连接来捕捉到局部特征。如图 7.1,M 层的神经元不再接受全部来自于 N 层的权重连接,只接受相邻的三个神经元的连接,代表着它只对局部特征进行学习。

我们称这样的操作为卷积(Convolution),卷积核就被定义为一组连接权重的排列。见定义 7.1,m 如果是取得靠近的整数,就代表局部相关,$[\omega_{01}, \omega_{11}, \omega_{21}]$ 构成了一个一维卷积核,它有:

$$M_1 = N_0\omega_{01} + N_1\omega_{11} + N_2\omega_{21} \tag{7.1}$$

定义 7.1(卷积) $f(x), g(x)$ 是定义在实数域上的可积函数,它们的卷积定义为:

$$s(x) = \int_{-\infty}^{\infty} f(\tau)g(x-\tau)\mathrm{d}\tau \tag{7.2}$$

我们可以从信号接收的角度去理解卷积,在 τ 处产生了一个信号

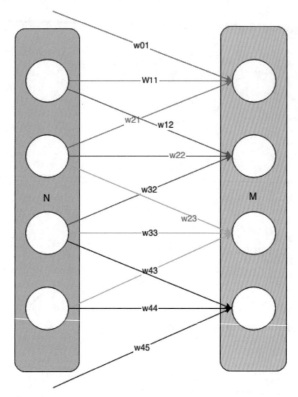

■图 7.1　局部连接的示意，不同颜色代表着不同的局部连接

$f(\tau)$，但是身处 x 处，信号从 x 到 τ 处信号会产生衰减，$g(x-\tau)$ 就是一个信号强度对距离的函数，$f(\tau)g(x-\tau)$ 就是代表我们身处 x 处所接收的信号强度，考虑整个区域都在产生信号，就是对 τ 进行积分。所以，卷积就是一种加权平均，$g(x-\tau)$ 就是权重因子，也被称为卷积核。卷积中的函数是可以交换的，我们也可以写成：

$$s(x)=\int_{-\infty}^{\infty}f(x-\tau)g(x)\mathrm{d}\tau \tag{7.3}$$

在离散卷积情形下，变量均取整数值：

$$s(n)=\sum_{m}f(n)g(n-m) \tag{7.4}$$

m 可以取任意的整数。

同理，$[\omega_{12},\omega_{22},\omega_{32}]$ 构成了另一个卷积核。当神经网络参数化的表示学习机制学习局部特征就是在学习卷积核的参数，模式识别问题就转化为了一系列局部特征的组合。不同的局部连接分别负责不同的局部特征提取，但此时的局部特征仍然是固定位置的，如果我们对输入变量进行的平移或者旋转，局部特征发生了偏移，固定位置的局部连接提取的信息就发生了变化，并不具备不变性。

要实现旋转不变和平移不变性，我们只采用一个卷积核在输入变量上滑动，来确保该卷积核提取固定的特征,这样学习而来的局部特征就具备了不变性,无论局部特征出现在哪里,它经过卷积核总会得到相同的输出,这就是卷积核的共享。如图 7.2,有 $\omega_{01}=\omega_{12}=\omega_{23}=\omega_{34}$,确保相同的输入具有相同的输出。

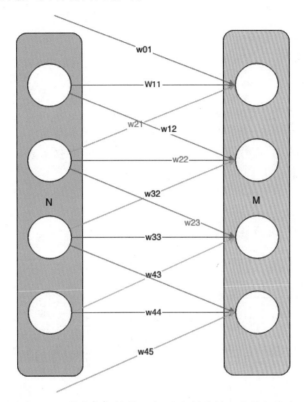

■图 7.2 共享卷积核的示意,卷积核在输入变量上滑动

事实上,局部连接的卷积核和卷积核共享构成了卷积神经网络的两个支柱:

(1) 局部连接机制,它确保了可以提取出局部特征。

(2) 权重共享机制,它确保了局部特征的不变性。同时,它大大减少了网络的参数。

7.2 卷积操作的重要概念

我们已经知道局部连接和权重共享的概念,如果我们将离散卷积核拓展到二维输入变量上,假设输入为离散的 I,卷积核为 K,卷积函数就可以表示为:

$$S(i,j)=\sum_m \sum_n I(m,n)K(i-m,j-n) \tag{7.5}$$

同样根据式(7.1)中所说的可交换性,我们可以交换卷积内部的函数:

$$S(i,j)=\sum_m \sum_n I(i-m,j-n)K(m,n) \tag{7.6}$$

可以看出 m,n 的取值范围实际上是在控制卷积核作用的区域,卷积核的(i,j)个元素作用在输入变量的$(i-m,j-n)$元素上,我们固定好 i,当 m 从零开始增加的时候,核的索引也在增加,但是输入变量的索引却在减小,这意味着输入变量和卷积核的对应乘积并非元素的一一对应,而是卷积核转置的一一对应,我们把这个叫作核翻转(kernel flipping)。

但在实际使用中,我们往往将卷积核的参数当作学习参数,翻转只是在形式上具有意义。所以我们在实现中,往往会简单实现卷积核输入的一一对应:

$$S(i,j) = \sum_m \sum_n I(i+m,j+n)K(m,n) \tag{7.7}$$

我们把它叫作互相关(cross-correlation),比如核的大小为 3×3,作用在输入的 3×3 区域,我们实行卷积操作的话,就是核的第$(1,1)$个元素与输入的第$(3,3)$个元素相乘,而互相关操作下,核的第$(1,1)$个元素却是与输入的第$(1,1)$个元素相乘。在大部分的深度学习框架中,我们实现的就是互相关操作,但是卷积的称呼却流行了下来。(我们后面讨论的卷积,都是互相关)

如图 7.3,卷积核(蓝色)将输入变量的局部区域(红色)转换为一个数值(绿色),用来表示局部特征的提取,并且注意到核是一个对称矩阵,此时卷积和互相关的作用效果一致。

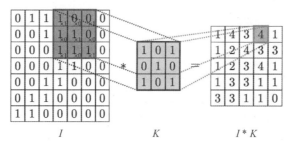

■图 7.3 二维输入变量的卷积示意

所以卷积核第一个重要的概念就是核的大小,核的尺寸越大,表示提取的局部范围越大,但参数也会增加,核的尺寸越小,局部范围越小,参数数量也会减小。

因为我们需要同一个卷积核在空间上的滑动这样的权重共享机制来获得不变性,卷积核的滑动幅度是第二个重要的概念,我们将滑动的幅度叫作步长(stride),步长太长,卷积核可能会跳过某些局部特征,步长太小,局部特征不会被漏掉,但是参数数量会增加。经过共享卷积核的滑动得到的结果叫作特征映射(feature map),一个特征映射的维度取决于输入的维度 n,卷积核的大小 m,滑动的步长 s,得到的特征映射维度为:

$$1D_F = \frac{n-m}{s} + 1 \tag{7.8}$$

如果输入是 $n\times n$,卷积核的大小为 $m\times m$,滑动的步长也为(s,s),卷积核的长宽相等,步长在两个维度上也相等的机制可以保证当图像旋转时,提取的特征不变。此时得到的特征维度就为:

$$2D_F = 1D_F \times 1D_F = \left(\frac{n-m}{s}+1\right) \times \left(\frac{n-m}{s}+1\right)$$

如果我们考虑输入变量为三阶张量,比如说有着三个通道(channel)的彩色图像或者包含多帧图像的视频,输入维度为 $n \times n \times h$,h 为输入的深度,此时我们有着两种截然不同的办法,一种是对于每一个二维输入采取独立的二维卷积,每一个二维上均会得到一个特征映射,此时卷积核只在长和宽方向滑动来实现卷积核共享,在深度方向上不进行滑动;另一种是直接采取三维卷积,单个卷积核本身就是三维的,在深度方向也进行滑动,假设三维卷积核为 $m \times m \times d$,滑动步长为 (s,s,z) 输出的维度为:

$$3D_F = 2D_F \times 1D_H = \left(\frac{n-m}{s}+1\right) \times \left(\frac{n-m}{s}+1\right) \times \left(\frac{h-d}{z}+1\right)$$

从上述的结果来看,如果我们把共享卷积核作为神经网络的层,那么随着网络深度的增加,维度也会变得越来越小,卷积操作就不可避免地限制了网络的深度。为了更加灵活地应用神经网络的深度带来的优势,我们采取填充(padding)操作减缓维度的缩减。填充对于输入变量添加零元素,出于对称性的考虑,一维变量会在两边同时添加零元素,二维变量会在四边同时添加,如图 7.4。依次类推到更高维的输入。

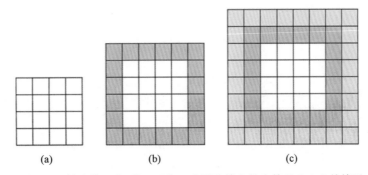

(a)　　　　　　(b)　　　　　　(c)

■图 7.4　填充的示意,从(a)到(b)分别为填充维度等于 0,1,2 的情形

所以式 7.9 的输入维度就会发生变化,造成特征映射维度的变化:

$$1D_F = \frac{n+2p-m}{s}+1 \tag{7.9}$$

其中 p 为填充维度,因为填充用于解决维度缩减,从特征映射的维度来看,填充可以分为两种:

(1) 相同卷积(same),它通过足够的零填充来让特征映射与输入变量的维度相等,有:

$$\frac{n+p-m}{s}+1 = n$$

(2) 全满卷积(full),它通过大量的零填充来让特征映射的维度大于输入变量的维度,有:

$$\frac{n+p-m}{s}+1 > n$$

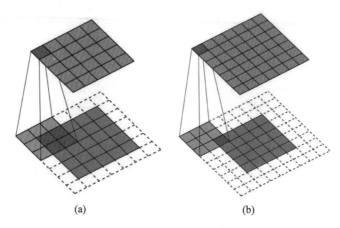

■图 7.5　(a)为相同卷积的示意,(b)为全满卷积的示意

如图 7.5,输入变量大小为 5×5,卷积核大小为 3,步长为 1,相同卷积为了得到相同维度的特征映射,会将填充维度设为 1,得到:

$$\left(\frac{5+2-3}{1}+1\right)\times\left(\frac{5+2-3}{1}+1\right)=5\times5$$

而全满卷积得到的输出映射会是 7×7,所以会将填充维度设置为 2,得到:

$$\left(\frac{5+4-3}{1}+1\right)\times\left(\frac{5+4-3}{1}+1\right)=7\times7$$

添加填充操作之后,我们可以自如在任意深度神经网络进行卷积。但为了进一步的削减参数,提高效率,并且作为卷积提取局部特征的补充,还可以进行一定的池化(pooling)操作,是下采样(subsampling)的一种方式。池化是将输入分块作为采样区,对于每一块都得到一个输出值,将这个输出值作为这一块的代表,如图 7.6,最大池化(max pooling)就是将一块区域的最大值作为这一块的代表。

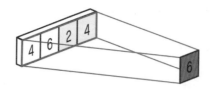

■图 7.6　最大池化作为下采样的一种方式在一维输入上的效果

除此之外,我们也可以将区域的平均值作为代表,这就是平均池化(Meanpooling)。在确定特征是否存在的时候,我们会用最大池化来得到响应最为强烈的值,而在背景信息也同样重要的时候(常见于图像分割),会使用平均池化来对区域信息作平滑。卷积操作如果本来就可以产生良好的结果,增加池化也可能会对学习任务产生破坏,在参数数量并不那么重要的情况下,池化操作还是需要慎重的添加。

7.3 卷积核的参数学习

深度学习的表示学习机制要求我们将卷积操作嵌入到神经网络中,对卷积核参数的学习就是对特征表示的学习。我们回顾第 2 章的误差反向传播算法的本质中给出的权重矩阵的偏导计算的链式法则:

$$\frac{\partial \mathcal{L}}{\partial M} = \frac{\partial \mathcal{L}}{\partial O} \frac{\partial O}{\partial M} \tag{7.10}$$

假设卷积操作的输出直接作为神经网络的输出,卷积神经网络与普通的前馈神经网络的唯一区别在于全连接权重矩阵 M 变为了一个共享卷积核 K。我们会在下面看到这一改变将链式法则的乘积会改为卷积。

为了更直观的观察共享卷积核对于反向传播算法的影响,我们用一种更为容易被初学者理解的方式来讲解卷积核的作用,假设我们有一个 3×3 的卷积核:

$$k = \begin{bmatrix} k_{11} & k_{12} & k_{13} \\ k_{21} & k_{22} & k_{23} \\ k_{31} & k_{32} & k_{33} \end{bmatrix} \tag{7.11}$$

它作用在一个 4×4 的输入变量上:

$$H = \begin{bmatrix} x_{11} & x_{12} & x_{13} & x_{14} \\ x_{21} & x_{22} & x_{23} & x_{24} \\ x_{31} & x_{32} & x_{33} & x_{34} \\ x_{41} & x_{42} & x_{43} & x_{44} \end{bmatrix} \tag{7.12}$$

我们默认不使用填充,步长为 1,不使用偏置和激活函数,那么输出就为:

$$O = \begin{bmatrix} o_{11} & o_{12} \\ o_{13} & o_{14} \end{bmatrix} = \begin{bmatrix} x_{11} & x_{12} & x_{13} & x_{14} \\ x_{21} & x_{22} & x_{23} & x_{24} \\ x_{31} & x_{32} & x_{33} & x_{34} \\ x_{41} & x_{42} & x_{43} & x_{44} \end{bmatrix} * \begin{bmatrix} k_{11} & k_{12} & k_{13} \\ k_{21} & k_{22} & k_{23} \\ k_{31} & k_{32} & k_{33} \end{bmatrix} \tag{7.13}$$

输出矩阵的计算可以通过互相关的定义获得:

$$O_{ij} = \sum_m \sum_n H_{i+m,j+n} K_{mn} \tag{7.14}$$

例如 O_{11},就有:

$$\begin{aligned} O_{11} = & x_{11}k_{11} + x_{12}k_{12} + x_{13}k_{13} + \\ & x_{21}k_{21} + x_{22}k_{22} + x_{23}k_{23} + \\ & x_{31}k_{31} + x_{32}k_{32} + x_{33}k_{33} \end{aligned} \tag{7.15}$$

在计算 $\frac{\partial O}{\partial K}$,根据定义 2.4,属于矩阵对矩阵的求导,我们会得到一个四阶张量,张量中

的每一个元素为 $\dfrac{\partial O_{ij}}{\partial K_{mn}}$。但是共享卷积核会在输入变量上进行滑动，卷积核的某一元素可能会作用在不同的位置上，所以我们不需要得到这个四阶张量，而只需要得到卷积核某个参数的偏导，这样就变为了特征映射的某一元素对卷积核矩阵的求导，就有：

$$\frac{\partial O_{11}}{\partial K} = \begin{bmatrix} H_{11} & H_{12} & H_{13} \\ H_{21} & H_{22} & H_{23} \\ H_{31} & H_{32} & H_{33} \end{bmatrix}$$

$$\frac{\partial O_{12}}{\partial K} = \begin{bmatrix} H_{12} & H_{13} & H_{14} \\ H_{22} & H_{23} & H_{24} \\ H_{32} & H_{33} & H_{34} \end{bmatrix}$$

...

在这里我们又一次可以看到卷积操作的局部性，对卷积核的偏导只与部分区域有关。并且卷积核的同一个参数参与到不同的特征映射上，根据式(7.14)，并将零元素舍弃掉，可以得到：

$$\begin{aligned} \frac{\partial O}{\partial k_{11}} &= \left(\frac{\partial o_{11}}{\partial k_{11}}, \frac{\partial o_{12}}{\partial k_{11}}, \frac{\partial o_{21}}{\partial k_{11}}, \frac{\partial o_{22}}{\partial k_{11}} \right) \\ &= (H_{11}, H_{12}, H_{13}, H_{14}) \end{aligned}$$

接着我们来计算 $\dfrac{\partial \mathcal{L}}{\partial O}$，与我们前面的误差仍然相同：

$$\delta^0 = \frac{\partial \mathcal{L}}{\partial O} \tag{7.16}$$

结合以上两者，我们就可以得到卷积核参数 k_{11} 的偏导：

$$\begin{aligned} \frac{\partial \mathcal{L}}{\partial k_{11}} &= \frac{\partial \mathcal{L}}{\partial O} \frac{\partial O}{\partial k_{11}} \\ &= (\delta_{11}^O, \delta_{12}^O, \delta_{21}^O, \delta_{22}^O)(H_{11}, H_{12}, H_{21}, H_{22}) \\ &= \delta_{11}^O H_{11} + \delta_{12}^O H_{12} + \delta_{21}^O H_{21} + \delta_{22}^O H_{22} \end{aligned}$$

同理我们也可以得到剩余参数的偏导，然后将其用于更新参数。可以发现最后的偏导形式为，该卷积参数的作用区域的每个元素和相应的区域误差的乘积，然后再求和。我们发现一个有趣的现象，前向传播中的卷积核参数的偏导形式，就是在后向传播中把误差矩阵作为卷积核作用在隐层上的结果，且步长为1，我们有：

$$\frac{\partial \mathcal{L}}{\partial K} = \begin{bmatrix} \frac{\partial \mathcal{L}}{\partial k_{11}} & \frac{\partial \mathcal{L}}{\partial k_{12}} & \frac{\partial \mathcal{L}}{\partial k_{13}} \\ \frac{\partial \mathcal{L}}{\partial k_{21}} & \frac{\partial \mathcal{L}}{\partial k_{22}} & \frac{\partial \mathcal{L}}{\partial k_{23}} \\ \frac{\partial \mathcal{L}}{\partial k_{31}} & \frac{\partial \mathcal{L}}{\partial k_{32}} & \frac{\partial \mathcal{L}}{\partial k_{33}} \end{bmatrix} = \begin{bmatrix} H_{11} & H_{12} & H_{13} & H_{14} \\ H_{21} & H_{22} & H_{23} & H_{24} \\ H_{31} & H_{32} & H_{33} & H_{34} \\ H_{41} & H_{42} & H_{43} & H_{44} \end{bmatrix} * \begin{bmatrix} \delta_{11}^O & \delta_{12}^O \\ \delta_{21}^O & \delta_{22}^O \end{bmatrix} \tag{7.17}$$

其中注意 * 表示卷积,而非乘积。

7.4 基于感受野的三个卷积技巧

感受野(Receptive Field)是将卷积作用简化的一个概念,它描述的是一个卷积核得到的单位特征量表示可以代表输入变量信息的多少。比如一个宽度为 5 的卷积核每一次滑动都会作用在长度为 5 的输入变量上,得到长度为 1 的特征映射,卷积核的感受野就为 5,一个宽度为 3 的卷积核的感受野就为 3,感受野越大,代表着特征表示越高级,它包含的信息越多。

从感受野的概念出发我们可以得到三个有用的卷积技巧,我们首先考虑参数数量,宽度为 3 的卷积核虽然没有宽度为 5 的感受野大,但是我们可以做一个简单的计算,假设步长为 1,不使用填充,输入变量长度为 5,利用式(7.9),宽度为 5 的卷积核就有:

$$1 = \frac{5-5}{1} + 1 \tag{7.18}$$

上式表示它将输入变量映射为一个数值,如果我们使用两个宽度为 3 的卷积核:

$$3 = \frac{5-3}{1} + 1 \tag{7.19}$$

$$1 = \frac{3-3}{1} + 1 \tag{7.20}$$

上式说明两个宽度为 3 的卷积核拥有和宽度为 5 的卷积核一样的感受野,推广到二维、三维甚至更高维也是一样的结果。但是在二维时,两个 3×3 的卷积核参数数量只有 18,而 5×5 的参数数量却有 25,更高维对比更加明显,这表示着我们可以用多的小卷积核来代替大的卷积核,感受野相同,但是参数数量明显减小。

既然感受野如此重要,那么我们还可以不改变参数数量的前提下让卷积拥有更大的感受野,空洞卷积(Dilated Convolution)就是这样一种方法,它引入了膨胀率这一概念,给原先紧密排列的卷积操作插入空白点来增加单位特征映射的感受野,假设膨胀率为 d,就相当于在卷积核两两元素之间插入了 d 个空白点,那么卷积核大小就变为了:

$$m_{\text{dilated}} = m + (m-1)d \tag{7.21}$$

如图 7.7,空洞卷积通过插入空白点使得参数 3×3 可以拥有 4×4 的感受野。

此外,感受野带来的第三个启发就是,我们可以在同一个特征映射上,同时利用多个不同尺寸的卷积核来获得不同大小的感受野,著名的 Inception Net 就采取了这样的操作来提取不同尺度的特征,如图 7.8,对于一个输入变量采用了多个卷积核来完成特征提取,5×5 的卷积核具有较大的感受野,3×3 的卷积核具有较小的感受野,而单个 1×1 的卷积核可以将多通道的图像压缩到单通道,起到降维的作用。

需要注意的是,降维作用只发生在卷积核的个数小于输入变量的通道数(或者是帧数),但如果采用三维卷积,就不会有降维的效果。

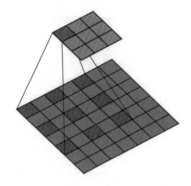

■图 7.7 　$d=1$ 时, 空洞卷积的示意

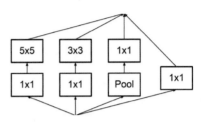

■图 7.8 　inception 的重要结构

7.5 使用 keras

之前我们利用了全连接的神经网络对 fashion minst 数据进行了学习, 这里我们首先使用一个简单的卷积网络来验证卷积的作用, 数据仍然采用 fashionMNIST。因为我们已经在前面的知识学习了批标准化如何加速训练, 所以会在下面的代码中使用批标准化。代码如下:

```
import numpy as np
from keras.layers import Input
from keras.datasets import fashion_mnist
from keras.models import Model
from keras.layers import Dense, Flatten, Activation
from keras.layers import Conv2D
from keras.utils import to_categorical
from keras.layers import BatchNormalization as BN
import seaborn as sns
import matplotlib.pyplot as plt

(X_train, y_train), (X_test, y_test) = fashion_mnist.load_data()

train_labels = to_categorical(y_train)
test_labels = to_categorical(y_test)

def Conv2D_bn(x, filters, length, width, padding = 'same', strides = (1,1),
    dilation_rate = 1):
    x = Conv2D(filters, (length, width), strides = strides, padding = padding)(x)
    x = BN()(x)
    x = Activation('relu')(x)
    return x
```

```python
def Dense_bn(x, units):
    x = Dense(units)(x)
    x = BN()(x)
    x = Activation('relu')(x)
    return x

def normal_model():
    x = Input(shape = (28 * 28,))
    x2 = Dense_bn(x, 1000)
    x3 = Dense_bn(x2, 512)
    x4 = Dense_bn(x3, 256)
    y = Dense(10, activation = 'softmax')(x4)
    model = Model(inputs = x, outputs = y) model.compile(optimizer = 'SGD',
    loss = 'categorical_crossentropy', \
            metrics = ['accuracy'])
    return(model)

def conv_model():
    x = Input(shape = (28, 28, 1))
    x2 = Conv2D_bn(x, 64, 3, 3,)
    x3 = Conv2D_bn(x2, 32, 3, 3)
    x4 = Flatten()(x3)
    x5 = Dense_bn(x4, 32)
    y = Dense(10, activation = 'softmax')(x5)
    model = Model(inputs = x, outputs = y)
    model.compile(optimizer = 'SGD', \
            loss = 'categorical_crossentropy', \
            metrics = ['accuracy'])
    return(model)

def train_model(n_dict, epochs, batch_size):
    losses_his = {}
    for model in n_dict.keys():
        full_model = n_dict[model]
        if model == 'normal model':
            X_train_normal = X_train.reshape(60000, 28 * 28)
            X_train_normal = X_train_normal.astype('float32') / 255
            X_test_normal = X_test.reshape(10000, 28 * 28)
            X_test_normal = X_test_normal.astype('float32') / 255
            his = full_model.fit(X_train_normal, train_labels,
                batch_size = batch_size, \
                    validation_data = (X_test_normal, test_labels), \
                    verbose = 1, epochs = epochs)
        else:
            X_train_conv = X_train.reshape(60000, 28, 28, 1)
            X_train_conv = X_train_conv.astype('float32') / 255
            X_test_conv = X_test.reshape(10000, 28, 28, 1)
```

```
        X_test_conv = X_test_conv.astype('float32') /255
            his = full_model.fit(X_train_conv, train_labels,
                batch_size = batch_size,\
                    validation_data = (X_test_conv,test_labels), \
                    verbose = 1, epochs = epochs)
        losses_his[model] = his.history
    return losses_his
    def plot_loss(losses_his, epochs, perform):
        sns.set(style = 'white')
        for key_loss in losses_his.keys():
            plt.plot(range(epochs),losses_his[key_loss][perform],linewi
                dth = 3, label = key_loss)
            plt.xlabel('epochs')
            plt.ylabel(perform)
            plt.legend()
            plt.show()
    losses_his = train_model({'normal model':normal_model(),'conv model ':
        conv_model()}, 10, 256)
    plot_loss(losses_his, epochs = 10, perform = 'loss')
    plot_loss(losses_his, epochs = 10, perform = 'val_accuracy')
```

在上面的代码中我们仍然延续了前面的做法,用一个函数来训练模型,并且用包含对比模型的字典作为参数。运行上述的代码,就会同时训练一个全连接的神经网络和一个卷积神经网络,为了体现卷积的作用,卷积网络的参数小于全连接网络。结果如图7.9,经过10次迭代,卷积网络在训练集上的损失要小于普通的全连接网络,说明卷积网络的拟合能力更好,在测试集上的准确率也要高于全连接网络,说明它的泛化能力也更好。说明至少在这个问题上,卷积网络的性能是超越全连接的。

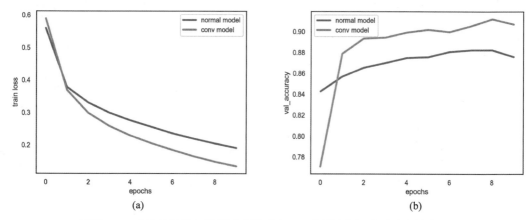

■图7.9　全连接网络与卷积网络的对比,(a)为训练集损失随迭代的变化,
(b)为验证集准确率随迭代的变化

接着,我们来探究池化的作用,分别用最大池化和平均池化来替换掉某一层卷积,添加代码如下:

```
from keras.layers import MaxPooling2D,AveragePooling2D

def conv_model_max():
    x = Input(shape = (28,28,1))
    x2 = Conv2D_bn(x,64,3,3)
    x3 = MaxPooling2D(2)(x2)
    x4 = Flatten()(x3)
    x5 = Dense_bn(x4,32)
    y = Dense(10,activation = 'softmax')(x5)
    model = Model(inputs = x, outputs = y)
    model.compile(optimizer = 'SGD',loss = 'categorical_crossentropy',metrics = ['accuracy'])
    return(model)

def conv_model_mean():
    x = Input(shape = (28,28,1))
    x2 = Conv2D_bn(x,64,3,3)
    x3 = AveragePooling2D(2)(x2)
    x4 = Flatten()(x3)
    x5 = Dense_bn(x4,32)
    y = Dense(10,activation = 'softmax')(x5)
    model = Model(inputs = x, outputs = y)
    model.compile(optimizer = 'SGD',loss = 'categorical_crossentropy',\
        metrics = ['accuracy'])
    return(model)

losses_his = train_model({'conv model with mean pool':conv_model_mean(),
    'conv model with max pool': conv_model_max()},10, 256)

plot_loss(losses_his, epochs = 10, perform = 'loss') plot_loss(losses_his,
epochs = 10, perform = 'val_accuracy')
```

如图 7.10，最大池化和平均池化的差异很小，但最大池化在训练集的损失要更小，测试集上的准确率要稍高，这也是因为 fashionMNIST 数据背景信息并不重要，最大池化在探测特征上面更具有优势。

最后，我们来尝试在一个层内同时使用多个不同大小的卷积核，添加代码如下：

```
def conv_model_branch():
    x = Input(shape = (28,28,1))
    x2 = Conv2D_bn(x,64,3,3)
    branchx1 = Conv2D_bn(x2,32,5,5)
    branchx2 = Conv2D_bn(x2,32,3,3)
    branchx3 = Conv2D_bn(x2,32,7,7)
    branchx4 = Conv2D_bn(x2,32,1,1)
    x3 = layers.concatenate([branchx1,branchx2,branchx3,branchx4],axis = -1)
    x4 = Flatten()(x3)
    x5 = Dense_bn(x4,32)
```

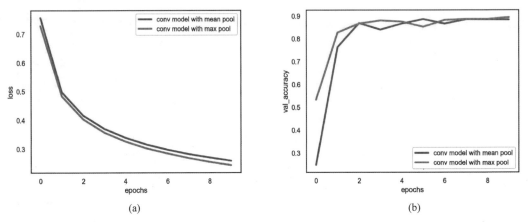

(a)   (b)

■图 7.10   平均池化和最大池化的对比,(a)为训练集损失随迭代的变化,
(b)为验证集准确率随迭代的变化

```
x6 = Dropout(0.2)(x5)
y = Dense(10, activation = 'softmax')(x6)
model = Model(inputs = x, outputs = y) model.compile(optimizer = 'SGD', loss = 'categorical_
crossentropy', metrics = ['accuracy'])
return(model)
losses_his = train_model({'conv model': conv_model(), 'simple inception
': conv_model_branch()},10, 256)
plot_loss(losses_his, epochs = 10, perform = 'loss')
plot_loss(losses_his, epochs = 10, perform = 'val_accuracy')
```

如图 7.11,多个卷积核构成的网络比起单个卷积的网络性能上稍微好一点点,但几乎是相同的,这说明对于这个数据来说,卷积提取的特征大小并不是学习的主要对象。

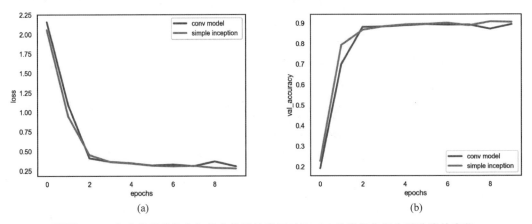

(a)   (b)

■图 7.11   多个卷积核结合与单个卷积的学习对比,(a)为训练集损失随迭代的变化,
(b)为验证集准确率随迭代的变化

第8章 循环神经网络

8.1 理解循环结构

我们在统计学习中讲解马尔可夫模型是用来处理时间序列,并且为了捕捉更复杂的依赖关系,采用了高阶马尔可夫模型,最后我们讨论了利用隐变量来减少马尔可夫模型的参数,得到隐马尔可夫模型。在深度学习中,前馈神经网络的信息传播是单向的,每次输入也是独立的,背后的假设仍然是独立同分布,就不能很好地捕捉到自相关变量的关系。同时,一个固定好的前馈神经网络处理的数据维度是确定的,而时序数据比如语音、文本等维度是不确定的。

面对时序数据的两个特点,这需要以前的信息会对当前的信息产生影响,给神经网络添加循环结构可以起到这样的作用,循环结构本身是一种内部记忆,如图 8.1,假设存在一个记忆单元 M 可供使用,记忆单元并非实体,只是为了方便理解采取的一个说法。在时间步 $t-1$ 时,我们将隐藏单元的输出存储到该记忆单元。

既然 $t-1$ 的数据会影响到 t 的数据,那么我们下一步对于时间步的数据,就可以将先前存储 $t-1$ 的信息拿出来,作为 t 的隐藏单元的一个输入,如图所示,上一步的信息就通过重新输入来影响下一步的信息。同时,我们可以将上一步信息乘上权重矩阵 W,来控制输入的重要程度。

时步 t 时,隐藏单元的输入情况如图 8.2 所示。

我们将上述过程展开可以得到图 8.3,将辅助理解的记忆单元从结构中隐藏,就得到了常见的循环结构。

它本质上是一个前馈神经网络在不同的时间步上连接,我们可以把不同时间步的神经网络成为一个状态,那么不同状态之间是通过一个转移函数(W)联系。就像马尔可夫模型假设状态转移概率相同,我们也假设转移函数(W)也是相同的,这一限制体现为参数矩阵 W 的共享机制。

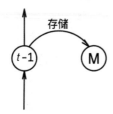
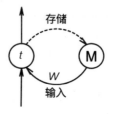

■图 8.1 时间步 $t-1$ 时,隐藏单元的存储   ■图 8.2 时间步 t 时,隐藏单元的输入

我们将会在下面看到,这一参数矩阵的共享机制将会对误差反向传播算法带来改变,并会带来循环结构特有的优化难题。

图 8.3 展示的结构可以用于序列到序列(sequence to sequence)的任务,输入与输出一一对应。此外,我们还会经常面临序列到类别的任务,比如文本分类,它的常见结构仍然是隐层单元的循环结构,但只有在时间步的末端才会进行输出。

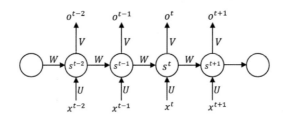

■图 8.3 循环结构的展开示意

8.2 循环结构的参数学习

为了更好地理解循环结构的参数学习,我们就以序列到序列的循环网络为例在循环神经网络的同一个时间步上,我们学习的仍然是一个前馈神经网络,但是时间步的出现相当于给原本的前馈神经网络多增加了一个维度,所以我们会给所有的变量引入一个下标 t 表示 t 时刻的状态。每一个输出 o_t 都对应着一个目标值 y_t,整体的损失函数就是不同时间步的损失之和:

$$\mathcal{L} = \sum_t \mathcal{L}_t(o_t, y_t) \tag{8.1}$$

先假设不使用激活函数,不使用偏置,根据图 8.3,我们可以写出隐层到输出的前向传播式:

$$S_t = Ux_t + WS^{t-1} \tag{8.2}$$

$$o_t = VS^t \tag{8.3}$$

其中变量均为向量,我们将其展开就可以得到:

$$\begin{bmatrix} S^t \\ S^{t-1} \\ S^{t-2} \\ \cdots \end{bmatrix} = U \begin{bmatrix} x^t \\ x^{t-1} \\ x^{t-2} \\ \cdots \end{bmatrix} + W \begin{bmatrix} S^{t-1} \\ S^{t-2} \\ S^{t-3} \\ \cdots \end{bmatrix} \tag{8.4}$$

$$\begin{bmatrix} o^t \\ o^{t-1} \\ o^{t-2} \\ \cdots \end{bmatrix} = V \begin{bmatrix} S^t \\ S^{t-1} \\ S^{t-2} \\ \cdots \end{bmatrix} \tag{8.5}$$

在定义好前向传播后,回顾我们第 2 章所讨论的误差反向传播,时间 t 上的输出层的误差定义为:

$$\delta_t^O = \frac{\partial \mathcal{L}_t}{\partial O_t} \tag{8.6}$$

根据式(2.27),得到时间 t 上的隐层的误差就是:

$$\delta_t^s = \frac{\partial \mathcal{L}_t}{\partial S_t} + \frac{\partial \mathcal{L}_t}{\partial O_t} \frac{\partial O_t}{\partial S_t} \tag{8.7}$$

$$= \delta_t^O V \tag{8.8}$$

注意到此时的误差是在同一个时间步进行的,所以我们可以完全利用前馈神经网络的结果。如果我们想得到前一时间 $t-1$ 的误差,那么就需要考虑时间 t 的误差,因为 t 和 $t-1$ 是通过参数矩阵 W 联系在一起,它的偏导计算需要同时考虑来自于本时间步 $t-1$ 的损失和下一时间步 t 的损失,也就是:

$$\delta_t^s = \frac{\partial \mathcal{L}_t}{\partial S_{t-1}} + \frac{\partial \mathcal{L}_{t-1}}{\partial S_{t-1}} \tag{8.9}$$

$$= \frac{\partial \mathcal{L}_t}{\partial S_t} \frac{\partial S_t}{\partial S_{t-1}} + \frac{\partial \mathcal{L}_{t-1}}{\partial S_{t-1}} \tag{8.10}$$

$$= \delta_t^s W + \delta_{t-1}^O V \tag{8.11}$$

可以看到 $t-1$ 时刻的隐层误差 δ_{t-1}^s 需要依赖于下一时刻 t 的隐层误差 δ_t^s,这一机制也被叫作误差沿时间的反向传播(Error Back propagation Through Time)。同理,我们要得到 $t-2$ 的隐层误差,就需要同时考虑 $t-1$ 的损失和本时刻 $t-2$ 的损失:

$$\delta_t^s = \frac{\partial \mathcal{L}_{t-1}}{\partial S_{t-2}} + \frac{\partial \mathcal{L}_{t-2}}{\partial S_{t-2}} \tag{8.12}$$

$$= \frac{\partial \mathcal{L}_{t-1}}{\partial S_{t-1}} \frac{\partial S_{t-1}}{\partial S_{t-2}} + \frac{\partial \mathcal{L}_{t-2}}{\partial S_{t-2}} \tag{8.13}$$

$$= \delta_{t-1}^s W + \delta_{t-2}^O V \tag{8.14}$$

利用 δ_{t-1}^s 和 δ_t^s 的结果,代入上式,就可以得到:

$$\delta_{t-2}^s = \delta_t^s W^2 + \delta_{t-1}^O VM + \delta_{t-2}^O V \tag{8.15}$$

$$= \delta_t^O W^2 V + \delta_{t-1}^O V M + \delta_{t-2}^O V \tag{8.16}$$

$$= \sum_{i=0}^{2} \frac{\partial \mathcal{L}}{\partial O_{t-i}} W^{2-i} V \tag{8.17}$$

如果我们这一过程推广到 $t-k$ 时刻,就会得到:

$$\delta_{t-k}^S = \sum_{k=0}^{t} \frac{\partial \mathcal{L}}{\partial O_{t-k}} W^{t-k} V \tag{8.18}$$

从上式看出当 $t-k$ 越大的时候,指数项会成为权重矩阵 W 的连乘,如果 W 的特征值大于 1,那么就很可能会出现梯度爆炸。但如果 W 的特征值小于 1,那么很可能就会出现梯度消失。在循环神经网络中,这表示着相隔很远的时间步的误差无法传递,循环结构本意是学习到长序列的依赖关系,如果出现了隐层时间步上的梯度消失或者梯度爆炸,那么就代表只有 $t-k$ 很小的时候,循环结构才会发挥作用,这也被称为长期依赖问题(long-short term dependencies problem)。

注意到此时我们并未获得参数的偏导,参数 V 只与输出层的误差有关,误差并不会沿时间反向传播,所以它的偏导就是各个时间步上的偏导之和:

$$\frac{\partial \mathcal{L}}{\partial V} = \sum_t \frac{\partial \mathcal{L}_t}{\partial O_t} \frac{\partial O_t}{\partial V} \tag{8.19}$$

$$= \sum_t \delta_t^O S_t \tag{8.20}$$

而参数 U 和 W 的偏导就需要考虑隐层的误差,而隐层的误差是沿时间的反向传播而得来。同样偏导也是各个时间步上的偏导之和,循环的结构的影响也体现在链式法则的变化,输出对隐层的偏导会变为 $\frac{\partial O}{\partial S_t}$,而不是 $\frac{\partial O_t}{\partial S_t}$,因为下一时刻的输出也会影响此时刻的隐层学习,参数偏导就是:

$$\frac{\partial \mathcal{L}}{\partial U} = \sum_t \frac{\partial \mathcal{L}}{\partial O} \frac{\partial O}{\partial S_t} \frac{\partial S_t}{\partial U} \tag{8.21}$$

$$= \sum_t \delta_t^S x_t \tag{8.22}$$

$$\frac{\partial \mathcal{L}}{\partial W} = \sum_t \frac{\partial \mathcal{L}}{\partial O} \frac{\partial O}{\partial S_t} \frac{\partial S_t}{\partial W} \tag{8.23}$$

$$= \sum_t \delta_t^S S_{t-1} \tag{8.24}$$

我们此时添加激活函数有 $H = f(S)$,激活函数对上述全部偏导的影响只是增加了一步求导,使得 $\frac{\partial O}{\partial S} = \frac{\partial O}{\partial H} \frac{\partial H}{\partial S}$,假设函数为 f,式(8.18)就变为了:

$$\delta_{t-k}^S = \sum_{k=0}^{t} \frac{\partial \mathcal{L}}{\partial O_{t-k}} W^{t-k} V f' \tag{8.25}$$

同样的,我们也可以重写参数 U 和 W 的偏导计算:

$$\frac{\partial \mathcal{L}}{\partial U} = \sum_t \delta_t^s x_t f' \tag{8.26}$$

$$\frac{\partial \mathcal{L}}{\partial w} = \sum_t \delta_t^s x_{t-1} f' \tag{8.27}$$

8.3 正交初始化和记忆容量

　　长期依赖问题的解决思路之一就是，我们希望尽可能保持参数矩阵 W 的连乘不会变化，比如将其设置为一个恒等矩阵，恒等矩阵的对角元为 1，其余部分为零，但这样做会使得循环结构中丧失非线性，从而使得学习能力下降，所蕴含的假设空间甚至会小于一般的马尔可夫模型。

　　我们略微降低要求，只希望参数矩阵 W 的连乘可以控制在一定范围内，这一效果虽然很难保证，但像 SELU 引入的均值为零，方差为 $\sqrt{\frac{1}{N}}$ 的高斯分布一样，我们至少可以在初始化上做到这一点。实现这一要求的初始化的方式就是初始化为正交矩阵见定义 8.1。

　　定义 8.1（正交矩阵）　正交矩阵的行向量与列向量皆为正交的单位向量，所以其最重要的性质就是它的转置矩阵为其逆矩阵：

$$\boldsymbol{M}^{\mathrm{T}} = \boldsymbol{M}^{-1} \tag{8.28}$$

　　同时矩阵的特征值和其转置的特征值相等，而和其逆矩阵的特征值互为倒数，所以正交矩阵的特征值为 1 或者 -1。

　　正交矩阵的这一性质使得参数矩阵的连乘永远等于一个恒等矩阵。从特征分解的角度来看，如果我们对参数矩阵 W 做特征值分解，分解为对角矩阵和正交矩阵的乘积：

$$W = Q\Lambda Q^{-1} \tag{8.29}$$

矩阵的连乘就会变成：

$$W^2 = Q\Lambda Q^{-1} Q\Lambda Q^{-1} \tag{8.30}$$

$$= Q\Lambda^2 Q^{-1} \tag{8.31}$$

矩阵的连乘就会变为其特征值的连乘，所以就有：

　　（1）如果特征值的绝对值都小于 1，那么误差传递会随着时间步会越变越小。

　　（2）如果特征值近似都等于 1，那么误差传递会随着时间步就可以保持正常范围。

　　（3）如果特征值的绝对值都大于 1，那么误差传递会随着时间步会越来越大。

　　而正交矩阵的特征值要么是 1、要么是 -1，正交矩阵的连乘不会改变其特征值。我们将正交矩阵作为初始化的手段也叫作正交初始化。

　　除此之外，我们还可以通过微弱的非线性方法来改进长期依赖，方法是将上一时刻隐层直接进入到下一时刻的隐层，为了保证非线性，还加上一个小的激活函数项：

$$H_t = H_{t-1} + g(x_t, H_{t-1}) \tag{8.32}$$

这样可以使得权重系数控制在 1 附近，有助于缓解梯度消失问题。但是直接进入会让隐层不断累积前面所有时刻的信息,随着时间步的推进,隐层的数值会变得越来越大,也就是需要记忆的东西越来越多,对于饱和性质的激活函数,比如 sigmoid 函数,过大的数值会让其进入饱和区;即便对于非饱和性质的激活函数,过于庞大的数值仍然会对学习造成困难,我们将此叫作神经元的记忆容量问题。清理掉已经被使用的信息也是非常重要的,我们可以通过一个巧妙的门控单元来让神经网络去学习如何"忘记"。

8.4   理解 LSTM

长短时记忆单元 LSTM(long-short term memory)是将循环结构拆解为存储、使用和遗忘三个步骤,分别将其参数化作为可学习的对象。这样做的目的一方面是为了学习到可遗忘的能力;另一方面,它取消了循环神经网络中的权重参数 W,来解决长期依赖中梯度消失问题。

这里面有一个广泛的误解,这个单元并不是拥有长时记忆和短时记忆的单元,而是一个长的短时记忆单元,短时记忆在心理学上就表示着工作记忆。从英文名字可以看出来,是 long-short term memory,而非 long-short term memory。

我们在 8.1 节曾经阐述了循环结构暗含了记忆单元,这个记忆单元包含了两个步骤,分别是存储和使用,如图 8.4,上一时间步的隐层存储到记忆单元,然后输出到下一时间步的隐层(对应着记忆单元的使用)。

我们首先对存储和使用这两个步骤通过门控来实现参数化,可以通过一个类似于挤压性质的激活函数,比如 sigmoid 函数,它等于 1 的时候,表示门打开,它等于 0 的时候,表示门关闭。此外,它的光滑性质还可以作为门打开程度的度量,与其他信息相乘来控制进入的程度。

决定要不要将记忆单元的信息流入到下一个时间步,可以由一个门控制,只有当这个门不完全关闭时,我们将信息输入到下一个时间步,这个门叫作输出门(Output Gate),如图 8.5,输出门添加至记忆单元到下一时间 $t+1$ 隐层的路径上。

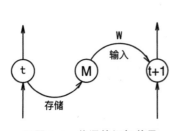

■图 8.4   普通的记忆单元

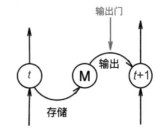

■图 8.5   输出门的位置示意

同理,决定要不要将此时隐层的信息输入记忆单元存储起来,也可以由一个门来控制,当这个门不完全关闭时,我们才会将信息存放到记忆单元,这个门叫作输入门(Input

Gate),如图8.6,输入门添加至该隐层到对应时间步记忆单元的路径上。

此时我们得到了一个较为复杂的神经元,输入门控制了信息的流入,输出门控制了信息的流出,记忆单元并没有做任何操作,那么随着序列越来越长,时间步越来越大,前一步的信息会存入到我们下一步的记忆单元,仍然有可能使得单元存储的数值越来越大。此时,有两种可能的后果:

(1)如果隐层激活函数也是一个带有挤压性质的激活函数,那么过大的值将会使得这个激活函数永远处于激活状态,失去了学习能力。

(2)如果隐层激活函数是 ReLU 类型的函数,值变得非常巨大时,会使得输出门失效,因为输出门的值再小,当它乘以一个庞大的值时,也会变得非常大。

无论是哪种情况,都在表明我们需要在记忆单元中丢弃一些信息。遗忘门(Forget Gate)直接作用在记忆单元,来控制上一时间的记忆单元有多少可以进入此时的记忆单元。如图8.7,我们为不同时间步中的记忆单元建立了连接,遗忘门作用在记忆单元之间的路径上。

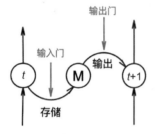

■图 8.6　输入门的位置示意

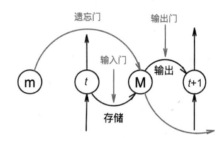

■图 8.7　遗忘门的示意

需要特别注意的是,如果我们使用 sigmoid 函数作为激活函数,那么当遗忘门为 1 时,就代表着将前一步的信息会完全进入到当前,这与它的名字恰好相反,也就是说,当遗忘门关闭时,它会忘记,当遗忘门打开时,它才会回忆。

总结整个流程,分为两条路径,一条路径用来更新记忆单元,另一条路径用来更新隐层。更新的过程如下:

(1)将此时刻的全部输入通过输入门,得到此时刻需要存储到记忆单元的信息;

(2)将上一时刻的记忆单元通过遗忘门,得到需要上一记忆单元需要保留下来的信息,加上 1 的信息,获得此时刻的记忆单元;

(3)将 2 所获得的记忆单元通过输出门,得到此时刻的隐层。

用数学来描述该过程,假设时间 $t-1$ 时的隐层输出为 H_{t-1},记忆单元为 M_{t-1},我们分别用输入门 σ_I,遗忘门 σ_F,输出门 σ_O 来控制它们的更新,因为门控的表现要根据当前的输入来决定,所以门控接受的输入都是 $H_{t-1}+x_t$,同时我们用一个中间变量 C_t 来简化理解,那么更新就为:

$$C_t = \sigma_I(H_{t-1}+x_t)(H_{t-1}+x_t) \tag{8.33}$$

$$M_t = \sigma_F(H_{t-1} + x_t)M_{t-1} + C_t \tag{8.34}$$

$$H_t = \sigma_O(H_{t-1} + x_t)M_t \tag{8.35}$$

我们也可以在输入和输出这两个步骤上添加激活函数,以期望它可以获得一定的非线性表示。假设激活函数为 g,那么就有:

$$C_t = \sigma_I(H_{t-1} + x_t)g(H_{t-1} + x_t) \tag{8.36}$$

$$M_t = \sigma_F(H_{t-1} + x_t)M_{t-1} + C_t \tag{8.37}$$

$$H_t = \sigma_O(H_{t-1} + x_t)gM_t \tag{8.38}$$

在理解 LSTM 的工作流程之后,我们自然会问它是如何解决长期依赖的问题,有的人会认为这是因为它包含了短时记忆和长时记忆,有的人则会看图说话,说这是因为上一层的信息无损地流入下一层。这两种说法都是错误的。

这其实是因为 LSTM 单元取消了参数矩阵 W。在上述循环神经网络中,随着时间步,同一记忆单元存储的信息会越来越多,就选择使用一个参数矩阵来学习到自己保留或者去除掉哪些信息,但却会带来长期依赖的问题。整个 LSTM 的最精华的部分是遗忘门的设计,从而通过权重矩阵就可以解决掉信息冗余的问题,当遗忘门打开时,接近于 1,在反复传播中就以更小的概率产生梯度消失。在实践中,我们往往也要保证遗忘门在大多数时间上是被打开的。

8.5 使用 keras

在 keras 中,我们可以使用 simpleRNN 层来快速实现全连接循环层的搭建:

```
from keras.layers import SimpleRNN
SimpleRNN(32,activation = 'tanh',\
        recurrent_regularizer = None,\
        recurrent_initializer = 'orthogonal')
```

其中 32 指的是输出维度,也就是每一个时间步所包含的神经元数量。其中,激活函数使用 tanh() 函数,这是 RNN 第一个重要的细节,我们在循环神经网络中一般不采用 ReLU 激活单元,因为在优化过程中,带有循环结构的神经网络在不同时间步上共享参数,参数的取值范围非常重要。

还有 recurrent_regularizer 和 recurrent_initializer 等参数,分别调控用于循环的权值的正则化和初始化。其中,初始化的手段为正交初始化。我们采用 IMDB 电影正面负面的评论数据,这是一个二分类任务。这个数据可以很方便地在 keras 中导入:

```
from keras.datasets import imdb
num_words = 10000
(X_train, y_train), (X_test, y_test) =
    imdb.load_data(num_words = num_words)
```

训练数据和测试数据都有 25000 个，特征并不是纯文本，而是已经经过处理的值，target 值为 0 或 1，表示情感为正面还是负面，比如：

```
print(X_train[0])
```

```
[1, 14, 22, 16, 43, 530, 973, 1622, 1385, 65, 458, 4468, 66, 3941, 4, 173, 36, 256, 5, 25, 100,
43, 838, 112, 50, 670, 22665, 9, 35, 480, 284, 5, 150, 4, 172, 112, 167, 21631, 336, 385,
39, 4, 172, 4536, 1111, 17, 546, 38, 13, 447, 4, 192, 50, 16, 6, 147, 2025, 19, 14, 22, 4,
1920, 4613, 469, 4, 22, 71, 87, 12, 16, 43, 530, 38, 76, 15, 13, 1247, 4, 22, 17, 515, 17,
12, 16, 626, 18, 19193, 5, 62, 386, 12, 8, 316, 8, 106, 5, 4, 2223, 5244, 16, 480, 66,
3785, 33, 4, 130, 12, 16, 38, 619, 5, 25, 124, 51, 36, 135, 48, 25, 1415, 33, 6, 22, 12,
215, 28, 77, 52, 5, 14, 407, 16, 82, 10311, 8, 4, 107, 117, 5952, 15, 256, 4, 31050, 7,
3766, 5, 723, 36, 71, 43, 530, 476, 26, 400, 317, 46, 7, 4, 12118, 1029, 13, 104, 88, 4,
381, 15, 297, 98, 32, 2071, 56, 26, 141, 6, 194, 7486, 18, 4, 226, 22, 21, 134, 476, 26,
480, 5, 144, 30, 5535, 18, 51, 36, 28, 224, 92, 25, 104, 4, 226, 65, 16, 38, 1334, 88, 12,
16, 283, 5, 16, 4472, 113, 103, 32, 15, 16, 5345, 19, 178, 32]
```

```
print(y_train[0])
1
```

在 X_trian 中每个数字都代表着一个单词，代表着出现频率的排名，比如编号为 3 代表着出现频率排在第三位的词。导入数据的参数 num_words＝20000，表示出现频率没有排在前 20000 的数据都会被丢弃，因为电影评论可能会出现特定演员、剧情的名字。那么这些"奇怪"的数字究竟对应着怎样的文本，我们可以调用 imdb 的 get_word_index 方法获取，但要注意这个数据在表示成数字的时候都将频率加了 3，我们需要除去第一个字符外的数字都减去 3，通过简单的映射关系，就可以得到文本：

```
word2id = imdb.get_word_index()
id2word = {i: word for word, i in word2id.items()}
print(''.join([id2word.get(i-3) for i in X_train[0][1:]]))
```

this film was just brilliant casting location scenery story direction
everyone's really suited the part they played and you could just imagine being there robert
redford's is an amazing actor and now the same being director norman's father came from the
same scottish island as myself so i loved the fact there was a real connection with this film
the witty remarks throughout the film were great it was just brilliant so much that i bought
the film as soon as it was released for retail and would recommend it to everyone to watch
and the fly fishing was amazing really cried at the end it was so sad and you know what they
say if you cry at a film it must have been good and this definitely was also congratulations
to the two little boy's that played the part's of norman and paul they were just brilliant
children are often left out of the praising list i think because the stars that play them all
grown up are such a big profile for the whole film but these children are amazing and should
be praised for what they have done don't you think the whole story was so lovely because it
was true and was someone's life after all that was shared with us all

此时，我们主要有两种方法来选择进入模型的数据：

（1）我们可以直接把每个词表示为索引值或者进行 one-hot 编码，事实上这一步我们直接可以采用频率排名的数字，因为 one-hot 编码中数字的大小已经没有实际的意义，然后进入 embedding 层，我们的模型中直接进行学习。

（2）我们先用词向量得到每个词的表示，进而取平均得到每条评论的句向量，然后在 embedding 层中固定好我们得到的词向量，再放入到我们模型中学习。

第 2 种方法是一种利用语料库实现词嵌入的办法，但第一种方法较为方便简单，所以我们在这里主要利用第一种方法，相比于第二种，它唯一的多余操作是需要我们固定好进入到模型的文本长度，我们首先每条评论截取前 200 个词，如果文本长度不够，就用零来填充，可以方便地使用 keras 中的 sequence 函数来快速处理：

```
from keras.preprocessing import sequence

maxlen = 100

X_train = sequence.pad_sequences(X_train, maxlen = maxlen)
X_test = sequence.pad_sequences(X_test, maxlen = maxlen)

[in]:print(X_train[0])

[out][[1415 33 6 ... 19 178 32]
[ 163 11 3215 ... 16 145 95]
[1301 4 1873 ... 7 129 113]
...
[ 11 6 4065 ... 4 3586 2]
[ 100 2198 8 ... 12 9 23]
[ 78 1099 17 ... 204 131 9]]
```

在上面的基础上，我们可以很快地搭建出包含循环结构的模型：

```
def RNN_model(num_words,maxlen):
    input_tensor =   Input(shape = (maxlen,))
    x = Embedding(num_words,50,input_length = maxlen)(input_tensor)
    x = SimpleRNN(32)(x) y = Dense(1, activation = 'sigmoid')(x)
    model   =   Model(inputs = input_tensor,   outputs = y)
    model.compile(optimizer = optimizers.Adam(),loss = 'binary_crossentropy',\
            metrics = ['accuracy'])
return(model)
```

其中，Embedding 层其实就是获取词嵌入，它的三个参数分别代表着词汇的可能取值（num_words）、词向量的大小（50）、句子的长度（maxlen），它的输出是一个二维向量，第一维是词数，第二维是词的表示维度。我们用上面的数据来训练该模型。

第9章 无监督表示学习:自编码器

回顾统计学习的降维理论,它是将数据的特征维度降低,解决维度灾难的问题,甚至得出的特征组合对于学习任务会更有帮助;特征选择则是挑选一个特征子集,去掉冗余特征和无关特征,甚至为了更有效率,对特征重要度进行排序,只挑选重要的特征进入到学习任务。

降维和特征选择大部分都是无监督的学习来获得特征表示,神经网络的最大优势就是将特征表示参数化,从而使得特征表示变成一个可以学习的对象,那么神经网络是否也可以利用无监督办法获得特征表示。

9.1 自编码器

如果我们想使用神经网络进行无监督学习特征表示,首先要确定出学习准则来明确学习的任务,一般的我们会采取统计学习中的最小重构误差准则,假设数据的特征为 X,学习到的特征表示为 $f(X)$,从新的特征表示恢复到原本的特征为 $g(X)$,那么重构误差就可以被表示为:

$$\min \| g(f(X)) - x \|_2^2 \tag{9.1}$$

我们也把 $f(X)$ 叫作编码(encode),它接受一个特征向量,将其转化为新的特征向量,把 $g(X)$ 叫作解码(decode),它的输入输出和编码过程恰恰相反。所以我们根据最小重构误差可以设计出神经网络,其中损失函数就是重构误差,也就是说,我们拿神经网络对于数据的输出和该数据本身的比较来训练神经网络,这样的结构我们就叫作自编码器(AutoEncoder)。

如图 9.1,自编码器的不同隐层分为了编码和解码两个部分,它们共有的部分就是学习到的特征表示。我们可以看出,普通的自编码器有3个特点:

(1)对称性。既然神经网络的所有隐层都是在做特征学习,只有最

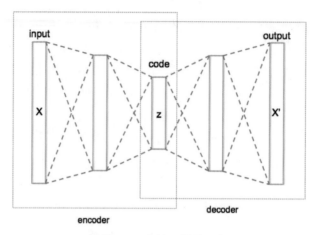

■图 9.1　自编码器的示意

后一层是在做学习,那么从原则上来说,所有的隐层都是一个新的特征表示,为什么单单选择最中间的一层? 这就是因为编码和解码是两个互逆的操作,保持网络结构的对称性最简单实现这种对称的方法。

（2）欠完备。学习到的特征表示维度是低于原本的特征维度,因为如果对隐层的容量不加限制,那么自编码器只是在不断地复制输入,而不会学习到任何有用的表示。

（3）非线性。神经网络的隐藏单元的非线性就可以保证新的特征表示对于原来的特征是一个非线性变换,这是自编码器的优势。当隐藏单元变为线性时,并保证前(1)、(2)点,自编码器和我们在统计学习中介绍的 PCA 等价。

当自编码器完成训练以后,我们可以把自编码器拆开使用,真正获得低维表示的结构是编码的部分,而解码的部分可以当作一个生成器来使用,这有助于我们理解著名的生成模型——"变分自编码器"的原理(见第 10 章)。

9.2　稀疏自编码器

普通的自编码器需要提前设置好隐层的维度,这一定程度上限制了表示的形式,正如我们在第 6 章所说,大容量加上一定的正则化是比选择低容量模型更为灵活的办法。所以可以将隐层的维度扩大,并且再对隐层使用正则化,这样特征表示不是一个低维表示,而是一个稀疏表示(大部分的神经元为零),高维稀疏表示不仅拥有低维表示的所有优点,而且具有着更好的可解释性。

在进行正则化的时候,我们可以选择较为直接的方式,假设隐层包含的稀疏表示的元素为 h_i,那么 L_1 正则化就可以写为:

$$\mathcal{L}=L(X',X)+\lambda \sum_i |h_i| \tag{9.2}$$

上式表示着我们只对包含特征表示的那一层进行正则化，随着正则化参数 λ 的增加，权重就会越往靠近 0 的空间中移动，以达到稀疏化的结果。但是惩罚项的系数大小会成为一个需要调节的超参数，太大则有可能将表示过度压缩，稀疏化太严重，导致训练失败，根本无法重构出数据，太小则退回到复制操作，根本没有进行学习。我们通常可以采用另一种惩罚项，稀疏表示整体的稀疏程度可以用一个概率分布来表示：

$$P_i = E_x[\alpha_i, X] \tag{9.3}$$

其中 α_i 表示隐层第 i 个神经元的激活程度，激活程度是一个数值，比如在 sigmoid 函数中，越靠近 1，激活程度越高。X 表示输入的数据。上式的含义为：稀疏程度的概率分布衡量的就是某个神经元在不同输入数据下的平均活跃度，之所以取平均，只是因为数据的数值如果过大，会拉高整体的活跃度，总体数据的平均会防止这一点。

我们可以定义好所需要的稀疏程度 P，相当于给定了隐层神经元的活跃度分布，但不对具体的神经元的活跃度作规定。当我们在训练自编码器时，就希望得到的隐层神经元的活跃度分布与我们规定好的分布越接近越好，交叉熵和相对熵这两个都可以作为我们的度量标准。（见《统计学习必学的十个问题》中的第 4 章）

但是在这个任务上相对熵比交叉熵有着两个优点：

(1) 理论上，我们希望正则化项可以缩减到零，就像 L_1、L_2 正则化那样，我们希望它在理论上可以缩减到零，但交叉熵比起相对熵更不容易为零；

(2) 计算上，交叉熵要比相对熵多计算一个训练分布的熵，计算成本主要体现在 P_i 的估计上，训练样本每次前向传播，才能获取隐层单元的激活分布，神经网络每次更新都会造成其不同。所以每一次反向传播时都需要计算训练分布。

所以我们经常采用相对熵，也就是 KL 散度，假设隐层有 m 个神经元，损失函数最后会被写作：

$$\mathcal{L} = L(X', X) + \sum_i^m KL(P \parallel P_i) \tag{9.4}$$

9.3 收缩自编码器

如果我们想让自编码器降低对于噪声的敏感性，就可以直接将添加噪声的数据作为输入，而将没有噪声的数据作为输出，以此来训练出一个自编码器。可以起到这个作用的有两种形式：

(1) 降噪自编码器(denosing auto encode)。它并不关心我们得到的特征表示的形式，因为我们将其整体训练，也并不会清楚地知道哪一层在起到了降噪的效果。

(2) 收缩自编码器(contractive auto encode)。它通过对编码器的输出 h 进行梯度惩罚来得到一个抗扰动的特征表示，相当于一个正则化项：

$$\mathcal{L} = L(X', X) + \lambda \sum_i \parallel \nabla_1 z_i \parallel^2 \tag{9.5}$$

这个梯度项表示隐层的单元对于输入 x 变化较为稳定,它越小,就代表着越稳定。

收缩自编码器是深度学习几何图像的体现,假设仍然是数据分布在一个流形上,噪声点往往会造成流行的切平面产生剧烈变化,对其的惩罚,使得特征表示更偏好平滑的方向。去噪自编码器和收缩自编码器主要区别就在于此,去噪自编码器学习的是整体的性质,它要求整体在数据附近的扰动较小,而收缩自编码器要求编码器的输出在数据附近的梯度较小来保持光滑。

9.4　使用 keras

我们选用 MNIST 手写数字识别数据集,每一个图片都是 28×28 的灰度图像。由于自编码器是一个无监督的神经网络结构,并未对具体的特征学习作出规定,所以我们采用最简单的全连接的神经网络来实现这一点,即编码器和解码器都是通过全连接网络来学习。需要注意的是,我们最好将编码器和解码器设置为结构对称的,同时为了非线性,编码器的输出可以灵活地应用激活函数,而解码器的输出为原始数据,常见的 sigmoid 和 softmax 单元不能输出任意范围,所以解码器的输出单元最好设置为"linear",并且可以简单地用均方误差来作为损失数。简单搭建网络如下:

```python
from keras.datasets import mnist
from keras.models import Model
from keras import optimizers
from keras.layers import Input, Dense
from sklearn.preprocessing import StandardScaler

(X_train, y_train), (X_test, y_test) = mnist.load_data()

X_train = X_train.reshape(60000, 28 * 28)
X_train = X_train.astype('float32') / 255
X_test = X_test.reshape(10000, 28 * 28)
X_test = X_test.astype('float32') / 255

scale = StandardScaler().fit(X_train)
X_train = scale.transform(X_train)
X_test = scale.transform(X_test)

def autoencoder(dim, act):
    input_tensor = Input(shape = (28 * 28,))
    encoder = Dense(dim, activation = act, name = 'encode')(input_tensor)
    decoder = Dense(28 * 28, activation = 'linear', name = 'decode')(encoder)
    model = Model(input_tensor, decoder)
    model.compile(optimizer = optimizers.Adam(), loss = 'mse')
    return model
```

```
AE = autoencoder(32,'relu') ♯ 隐层的维度和激活函数设置 his = AE.fit(X_train, X_train, batch_
size = 256, verbose = 1, epochs = 10)

model = Model(inputs = AE.input,\outputs = AE.get_layer('encode').output)
```

通过上述的代码，我们搭建了只有一个隐层的自编码器，且隐层的维度为 32 维，且将该隐层作为编码器的输出，同时进行了 10 轮训练得到模型，从中抽出输出层和隐层的输出作为一个编码器。接下来，我们利用测试数据通过自编码器得到特征表示，并且使用 t-SNE 降维方法来得到二维特征空间的表现：

```
import matplotlib.pyplot as plt
from sklearn import manifold

model_out = model.predict(X_test)

tsne = manifold.TSNE(n_components = 2, init = 'random', random_state = 0) X_tsne = tsne.fit_
transform(model_out)
plt.figure()
for i in range(10):
    plt.scatter(X_tsne[y_test == i,0], X_tsne[y_test == i,1], s =
        20, label = '%d'%i, edgecolor = 'k')
plt.title('simple AE')
plt.legend()
plt.show()
```

如图 9.2，这样一个简单的自编码器得到的 32 维特征表示经过 t-SNE 的再次降维，可以看到不同类别的分布虽然重重交叠，但是同一类的大多数样本都集中于相同的位置，尤其是 1 和 0，几乎集中在有限的位置，并且和其他的类别有着明显的边界。

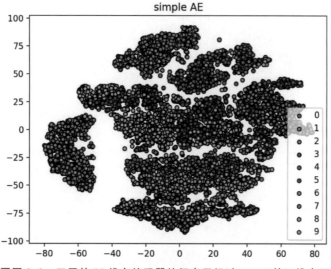

■图 9.2　三层的 32 维自编码器特征表示经过 t-SNE 的二维表示

如果我们抛弃掉 t-SNE 的这一种非线性降维办法,而是直接将自编码器的隐层维度设置为 2,希望自编码器可以直接学习到二维的特征表示,就需要调用模型 auto encoder 的时候,指定相应的参数并将其直接再可视化:

```
AE_D2 = autoencoder(2,'relu')   ♯隐层的维度设置为2
his = AE_D2.fit(X_train,X_train, batch_size = 256, verbose = 1, epochs = 10)

2D_model = Model(inputs = AE_D2.input, \
            outputs = AE_D2.get_layer('encode').output)
2D_out = 2D_model.predict(X_test)

plt.figure()
for i in range(10):
    plt.scatter(2D_out[y_test == i,0],2D_out[y_test == i,1], s = 20
        ,label = '%d'%i, edgecolor = 'k')
plt.title('1 Hidden 2 dim')
plt.legend()
plt.show()
```

如图 9.3,不同的类别均混杂在了一起,这说明直接学习的二维特征表示根本无法表达不同类别的差异。这可能是因为二维特征空间本身就不足以表达它们的差异,但更可能的是,自编码器的层数过少,学习的特征表示不够高级。

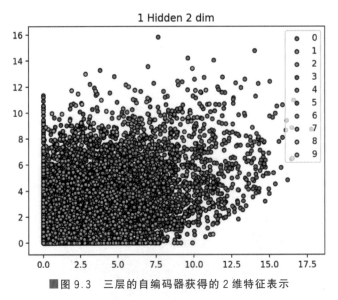

■图 9.3　三层的自编码器获得的 2 维特征表示

所以我们可以将自编码器加深,添加如下代码:

```
def deep_autoencoder(dim,act):
    input_tensor = Input(shape = (28 * 28,))
```

```
        encoder = Dense(640, activation = act)(input_tensor)
        encoder = Dense(160, activation = act)(encoder)
        encoder = Dense(40, activation = act)(encoder)
        encoder = Dense(dim, activation = act, name = 'encode')(encoder)
        encoder = Dense(40, activation = act)(encoder)
        encoder = Dense(160, activation = act)(encoder)
        encoder = Dense(640, activation = act)(encoder)
        decoder = Dense(28 * 28, activation = 'linear', name = 'decode')(encoder)
        model = Model(input_tensor, decoder)
        model.compile(optimizer = optimizers.Adam(), loss = 'mean_squared_error')
        return model

AE_H5 = deep_autoencoder(2, 'relu')
his = AE_H5.fit(X_train, X_train, batch_size = 256, verbose = 1, epochs = 10)

2D_model = Model(inputs = AE_H5.input, \ outputs = AE_H5.get_layer('encode').output)
2D_out = d_model.predict(X_test)

plt.figure()
for i in range(10):
    plt.scatter(2D_out[y_test == i, 0], 2D_out[y_test == i, 1], s = 30
        , label = '%d' % i, edgecolor = 'k')
plt.title('5 Hidden 2 dim') plt.legend()
plt.show()
```

其中，我们构建了一个宽度逐渐变小，直至到编码器的输出为最小，然后再逐渐增大，直到解码器的输出可以恢复到原始的数据大小。这样一种隐层的维度逐渐靠近需要的特征表示的维度的方法可以降低学习的难度。上述代码的结果如图 9.4，可以发现一些类别，比如图 3.8 明显于其他类别产生了较为明显的差别，这说明加深网络有助于学习到更好的特征表示。

如果我们想得到一个可以实现去噪功能的自编码器，首先我们可以对原先的 MNIST 数据添加噪声，并可视化来观察噪声的效果。添加代码如下：

```
from keras.datasets import mnist
import numpy as np
import matplotlib.pyplot as plt

(X_train, y_train), (X_test, y_test) = mnist.load_data()

X_train = X_train.reshape(60000, 28, 28, 1)
X_train = X_train.astype('float32') / 255
X_test = X_test.reshape(10000, 28, 28, 1)
X_test = X_test.astype('float32') / 255

noise_factor = 0.5
```

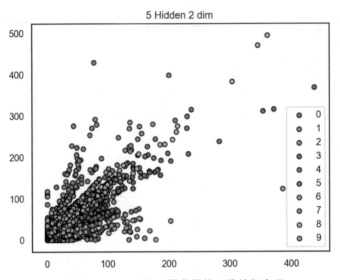

■图9.4　深层自编码器获得的2维特征表示

```
x_train_noisy = X_train + noise_factor * \
              np.random.normal(loc = 0.0, scale = 1.0, size = X_train.shape)

x_test_noisy = X_test + noise_factor * \
              np.random.normal(loc = 0.0, scale = 1.0, size = X_test.shape)


n = 5
plt.figure(figsize = (10, 4))
for i in range(n):
    plt.subplot(2, n, i + 1)
    plt.imshow(X_test[i].reshape(28, 28))
    plt.gray()
    plt.subplot(2, n, i + 1 + n)
    plt.imshow(x_test_noisy[i].reshape(28, 28))
    plt.gray()
plt.show()
```

如图9.5，添加噪声后的数据，依稀可以辨认出图片内容，所以对于自编码器来说，这是一个不会那么艰难的任务。

卷积网络已经在前面证明了它对于图片识别的优良性能，所以这里我们将卷积网络嵌入到自编码器中，在编码器和解码器中使用对称的结构，添加代码如下：

```
.....
from keras.layers import MaxPooling2D, UpSampling2D, Conv2D
from keras.models import Model
from keras import Input
from keras import optimizers
```

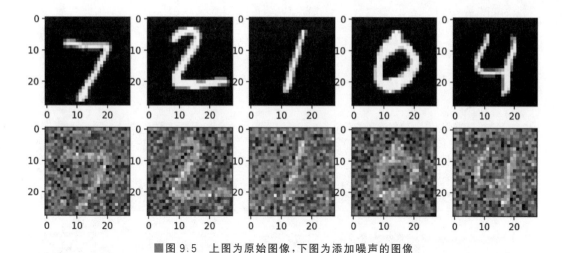

■图 9.5 上图为原始图像，下图为添加噪声的图像

```python
def denoise_autoencoder(act, pad):
    input_tensor = Input(shape = (1,28,28,1))
    x = Conv2D(32, (3, 3), activation = act, padding = pad)(input_tensor)
    x = MaxPooling2D((2, 2), padding = pad)(x)
    x = Conv2D(32, (3, 3), activation = act, padding = pad)(x)
    encoder = MaxPooling2D((2, 2), padding = pad)(x)
    x = Conv2D(32, (3, 3), activation = act, padding = pad, name = 'encode')(encoder)
    x = UpSampling2D((2, 2))(x)
    x = Conv2D(32, (3, 3), activation = act, padding = pad)(x)
    x = UpSampling2D((2, 2))(x)
    decoder = Conv2D(1, (3, 3), activation = 'linear', padding = pad,
        name = 'decode')(x)
    model = Model(input_tensor,decoder)
    model.compile(optimizer = optimizers.Adam(),
    loss = 'mean_squared_error')
    return model


DAE_model = denoise_autoencoder(act = 'relu', pad = 'same')
his = DAE_model.fit(X_train, X_train, batch_size = 256, verbose = 1, epochs = 4)


DAE_out = DAE_model.predict(x_test_noisy)


n = 5
plt.figure(figsize = (10, 4))
for i in range(n):
    plt.subplot(2, n, i + 1)
    plt.imshow(x_test_noisy[i].reshape(28, 28))
    plt.gray()
    plt.subplot(2, n, i + 1 + n)
    plt.imshow(DAE_out[i].reshape(28, 28))
```

```
    plt.gray()
plt.show()
```

　　在上段代码中,我们不仅训练了一个带有卷积核的去噪自编码器,而且将测试集中添加噪声的数据作为自编码器的输入,结果如图 9.6,带有噪声的数据经过去噪自编码器,大部分的噪声得到了消除。

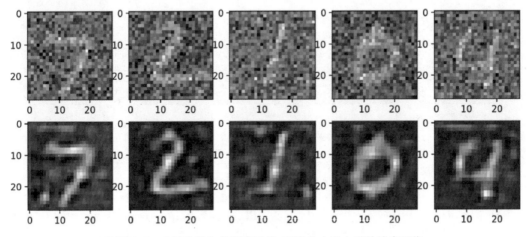

■图 9.6　上图为输入的噪声图像,下图为去噪之后的输出图像

第10章 概率生成模型

在统计学习中,机器学习模型可以分为两大类,一类叫作判别式模型,一类叫作生成式模型。判别式模型只需要得到条件分布 $P(y|x)$,比如我们的分类和回归任务。而生成模型需要获得变量和目标值的联合分布 $P(x,y)$,比如贝叶斯分类器和隐马尔可夫模型,利用它们的结果采样得到真实的样本。这意味着,生成模型完成的是更为困难的任务,更能体现"智能",因为创造样本要比预测样本更加清楚数据的特征,并且加以利用。

10.1 变分自编码器

回顾我们在《统计学习必学的十个问题》的 7.2 节讲解的潜在变量,其中我们利用了潜在变量去理解 K 均值算法,PCA 也可以被看作是对潜变量的推断。在此基础之上,结合第 9 章的自编码器,我们就可以把编码器看作是一个从样本 X 推断潜变量 z,解码器则对应着从潜变量 z 生成样本 X。

因为我们在第 9 章就提到过解码器本身就可以作为生成器来使用,所以引入潜变量观点似乎并不会为编码器带来任何更新的东西。实际上并非如此,在普通的自编码器中,我们对解码器的输入没有分布上的限制,无法保证解码器一定会生成真实的样本,引入潜变量的一个优势就在于,我们可以通过对潜变量加以限制显式的控制解码器的输入。

与自编码器的结构一样,我们将生成模型分为两部分,一部分类似于编码器,它学习分布 $q_\theta(z|X)$,它是潜变量关于样本的后验分布(见《统计学习必学的十个问题》的 7.4 节,EM 算法的核心步骤);另一部分类似于解码器,它学习分布 $p_\phi(X|z)$,对于从隐变量分布中采样得到目标样本。

变分自编码器假设 $q(z|X,\theta)$ 为一个高斯分布,这样做根据中心极限定理,大量相互独立随机变量的均值经适当标准化后依分布收敛于高

斯分布,解码器的输入如果是一个高斯分布,那么就相当于大大拓展了生成器的输入区间,使其更加一般化。这意味着我们只需要输入一个高斯分布采样而来的样本就可以得到相应的输出,所以我们有:

$$\log_\theta(z \mid x) = \log N(\mu, \sigma^2 I) \tag{10.1}$$

因为潜变量的存在,无法直接像线性回归一样直接假设分布来推断参数,而只能将 $q_\theta(z \mid X)$ 尽可能地推向高斯分布 $\log N(\mu, \sigma^2 I)$,也就是利用高斯分布去估计真实的分布 $q_\theta(z \mid X)$,为什么可以这样做呢?一方面是因为真实分布可能是很复杂的,无法直接求得,同时解码器作为生成器并没有直接利用 $q_\theta(z \mid X)$,而是利用从该分布下采样的样本,如果另一个简单分布的采样结果就可以很好地近似复杂分布的采样结果,那么真实分布和近似分布不影响生成器的工作。所以,用高斯分布区估计真实分布,解码器学习的就是高斯分布的均值和方差,如图 10.1,均值和方差可以确定一个高斯分布,通过对这两者的学习就是不断调整高斯分布与真实分布的差异。这就对应着我们的变分推断(Variational Inference)方法,它就是利用简单的分布去近似复杂的分布。

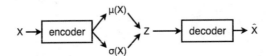

■图 10.1　解码器学习高斯分布的均值和方差,编码器学习从隐变量采样生成相应的输出

具体来说,变分推断采用 KL 散度来衡量两个分布的差异,我们用 $q(Z \mid X)$ 来表示真实的复杂分布,$p(Z \mid X)$ 来表示简单的近似分布,那么目标是最小化 KL 散度:

$$\theta^* = \arg\min D_{KL}(q(Z \mid X) \parallel p(Z \mid X)) \tag{10.2}$$

我们利用 KL 散度的性质就可以将其拆分为:

$$D_{KL}(q(Z \mid X) \parallel p(Z \mid X)) = \mathbb{E}[\log(q(Z \mid X)) - \log(p(Z \mid X))] \tag{10.3}$$

$$= \mathbb{E}\left[\log(q(Z \mid X)) - \log\left(\frac{p(X \mid Z)p(Z)}{p(X)}\right)\right] \tag{10.4}$$

$$= \mathbb{E}[\log(q(Z \mid X)) - \log(p(X \mid Z) - \log(p(Z)))] + \log(p(X)) \tag{10.5}$$

$$= \mathbb{E}\left[\log\left(\frac{q(Z \mid X)}{p(Z)}\right) - \log(p(X \mid Z))\right] + \log(p(X)) \tag{10.6}$$

$$= D_{KL}[q(Z \mid X) \parallel p(Z)] - \mathbb{E}[\log(p(X \mid Z))] + \log(p(X)) \tag{10.7}$$

利用上式的结果,$\log(p(X))$ 在数据确定时也是确定的,所以我们可以将 $\log(p(X))$ 移动到左边:

$$\log(p(X)) - D_{KL}(q(Z \mid X) \parallel p(Z \mid X))$$

$$= \mathbb{E}[\log(p(X \mid Z))] - D_{KL}[q(Z \mid X) \parallel p(Z)] \tag{10.8}$$

可以发现,如果我们想要最小化 KL 散度,只要直接最大化等式右边即可,右边的项又叫作 evidence lower bound(ELBO),定义为:

$$\text{ELBO} = E[\log(p(X \mid Z))] - D_{KL}[q(Z \mid X) \parallel p(z)] \tag{10.9}$$

同时也可以看出,ELBO 的第 2 项是潜变量分布与先验分布的 KL 散度,最大化 ELBO 就是最小化该 KL 散度,它促使真实分布接近于潜在变量的先验分布,第一项是个期望项,其实就是解码器所学习的对象,最大化 ELBO 就是最大化该条件分布,这与线性回归模型极大似然估计是一致的,就是需要找到一组参数来使得 X 的概率最大。

回顾《统计学习必学的十个问题》中的 7.4 节,最大化 ELBO 实际上包含了两个步骤,E 步求期望,就是尽可能地将隐藏变量变分分布与先验分布的 KL 散度固定好,得到 $ELBO = E[\log(p(X \mid Z))]$,$M$ 步最大化,就是最大化 $E[\log(p(X \mid Z))]$,也就是最大化 $ELBO$。在变分推断中,这两步合二为一。只需要最大化 $ELBO$ 即可。

至此我们就完成了变分推断的主要框架,它需要三个分布,$p(X \mid Z)$ 为数据 X 对潜变量的条件分布,是解码器学习的目标,$q(Z \mid X)$ 为潜变量对于数据的后验分布,它是编码器需要学习的目标,它是 $p(Z)$ 潜变量的先验分布,它是根据我们的偏好来设定。进一步考虑变分自编码器的具体形式,我们可以假设这三个分布均为高斯分布:

$$p(X \mid Z) = \mathcal{N}(\mu_D, \sigma_D^2 I) \tag{10.10}$$

$$p(Z \mid X) = \mathcal{N}(\mu_E, \sigma_E^2 I) \tag{10.11}$$

$$p(Z) = \mathcal{N}(0, I) \tag{10.12}$$

其中,先验分布设定为标准的高斯分布,同时考虑高斯分布的极大似然估计与均方误差的等价性(见《统计学习必学的十个问题》第 3 章,回归模型中的贝叶斯),变分自编码器的目标函数就可以被写为:

$$\max ELBO = \max[(X - \mu_D)^2 - D_{KL}[\mathcal{N}(\mu_E, \sigma_E^2 I) \parallel \mathcal{N}(0, I)]] \tag{10.13}$$

在训练的时候,也就是进行误差反向传播来得到每一个参数的梯度时,由于解码器的输入是从潜变量分布中采样而来,而潜变量分布 $P(Z \mid X) = N(\mu_E, \sigma_E^2 I)$ 中采样的操作会破坏平滑性,从而使得该点的梯度没有定义,因此,这里我们使用一个叫作重参数化(Reparameterization)的方法来保证平滑,采样法变为一个平滑函数,如图 10.2 所示。

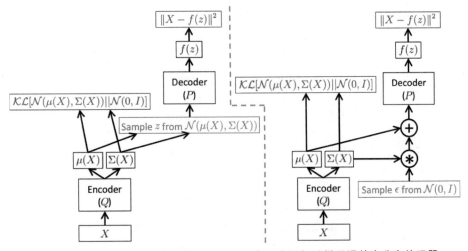

■图 10.2 左图为变分自编码器一般过程,右图为添加采样平滑的变分自编码器

10.2   生成对抗网络

变分自编码器虽然利用了神经网络的强大的拟合能力,但从上面的讲解中可以看出,生成器所使用的还是极大似然估计,在假设高斯分布 $P(x|z)=N(\mu_D,\sigma_D^2 I)$ 的情形下,进一步可以写作均方误差。所以,变分自编码器中生成器的学习过程只是在估计 $p(X|Z)$ 的均值和方差,在均值要越来越靠近真实数据的前提下,方差尽可能小。

这样做一定程度上简化了生成器的训练难度,并且具有很有的统计性质,但是并没有完全利用神经网络的拟合能力,而只是将生成器的假设空间限制在高斯分布的范畴之内。这一限制具体就体现在了均方误差作为损失函数,如果我们不做这样的限制,而是采用另一个神经网络作为损失函数,那么就大大拓宽了生成器的假设空间,这样的生成模型叫作生成对抗网络(Generative Adversarial Networks)。

它采用一个判别器作为损失函数,这个神经网络也被叫作判别器,它的任务是接受生成器的输入,判断其是否来自于真实的数据分布。正因为损失函数隐含着生成器的假设分布,所以为了极大地拓展假设空间,判别器一般是一个神经网络。简单说来,生成器的目的是产生以假乱真的数据,判别器的目的是将假的数据和真实数据分开。

具体在训练过程中它们互相对抗的。首先,我们分别独自训练出生成器和判别器。然后第二代的生成器可以骗过第一代的判别器,就是将判别器的参数全部固定,然后反向传播去调整生成器的参数,判别器无法识别出真假,此时就得到了第二代生成器。同时,我们想让第二代的判别器可以识别第一代的生成器,那么就将生成器的参数全部固定,反向传播去调整判别器的参数,得到第二代判别器。如此反复,直到达到我们满意的结果。

从数学角度来说,真实数据的分布为 P_r,生成器所产生的是模拟分布 P_m,判别器所判断的是 P_r 与 P_m 的一致性,如图 10.3,z 表示输入的向量,x 表示生成的数据,绿线表示生成数据所构成的分布,黑线表示真实的分布,蓝线表示两者的差异,就是判别器本身,我们可以看到,一开始,模拟分布和真实分布存在不少的差异,但随着不断迭代,最终,模拟分布和真实分布一致,代表着生成器训练完成。

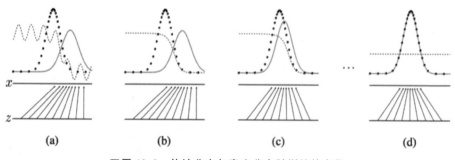

(a)   (b)   (c)   (d)

■图 10.3   估计分布与真实分布随训练的变化

在判别器作为损失函数的大框架下，我们仍然需要讨论具体的自洽。用 $D(x, \phi)$ 来表示判别器的输出，用 $G(x, \theta)$ 来表示生成器的输出，存在真实和虚假两个分类，分别标记为 0,1。首先固定生成器，利用极大似然估计来训练判别器，因为这是个二分类问题，所以形式上与 logistic 回归的损失函数一致：

$$\mathcal{L}_D = \max_{\phi}(\mathbb{E}_{x \sim p_r(x)}[\log D(x, \phi)] + \mathbb{E}_{x' \sim p_\theta(x')}[\log(1 - D(x', \phi))]) \tag{10.14}$$

$$= \max_{\phi}(\mathbb{E}_{x \sim p_r(x)}[\log D(x, \phi)] + \mathbb{E}_{z \sim p}(z)[\log(1 - D(G(z, \theta), \phi))]) \tag{10.15}$$

当我们固定好判别器，生成器的目标就是将消除数据真实和虚假的不一致性，上式的第二项就是这种不一致性度量，所以生成器的优化目标就是最小化它：

$$\mathcal{L}_G = \min_{\theta}(\mathbb{E}_{z \sim p(z)}[\log(1 - D(G(z, \theta), \phi))]) \tag{10.16}$$

两者结合起来，我们就可以得到整体的优化目标：

$$\mathcal{L} = \max_{\phi}\min_{\theta}(\mathbb{E}_{x \sim p_r(x)}[\log D(x, \phi)] + \mathbb{E}_{x' \sim p_\theta(x')}[\log(1 - D(x', \phi))] \tag{10.17}$$

从上式看出，生成器和判别器的优化目标是相反的，所以训练过程非常容易不稳定。如果判别器的能力过强，生成器最小化将不会祈祷任何作用，无法训练生成器。相反地，生成器能力过强，判别器将无法将不同类别拉开，最大化也不会起到作用。所以在实际过程中需要匹配这两者能力，我们把式(10.15)中的期望项展开写作积分，就有：

$$\mathbb{E}_{x \sim p_r(x)}[\log D(x, \phi)] = \int_x P_r(x)\log D(x, \phi)\mathrm{d}x \tag{10.18}$$

$$\mathbb{E}_{x' \sim p_\theta(x')}[\log(1 - D(x', \phi))]) = \int_x P_m(x)(\log(1 - D(x, \phi)))\mathrm{d}x \tag{10.19}$$

因为我们需要得到生成器，所以假设判别器已经为最优，虽然我们并不清楚最优的参数是多少，但它一定是一个极值点，所以我们对于判别器目标函数积分内部的函数求一阶导：

$$\frac{\mathrm{d}\mathcal{L}_D}{\mathrm{d}D} = \frac{P_r(x)}{D} - \frac{P_m(x)}{1 - D} \tag{10.20}$$

令一阶导为零，代表这是一个极值点，我们就可以得到最优判别器的参数解析解：

$$D^* = \frac{P_r(x)}{P_r(x) + P_m(x)} \tag{10.21}$$

得到最佳的判别器参数之后，这意味着我们可以直接用来最小化生成器：

$$\mathcal{L}(G \mid D^*) = \mathbb{E}_{x \sim p_r(x)}[\log D^*(x)] + \mathbb{E}_{x \sim p_m(x)}[\log(1 - D^*(x))] \tag{10.22}$$

$$= \mathbb{E}_{x \sim p_r(x)}\left[\log \frac{p_r(x)}{p_r(x) + p_m(x)}\right] + \mathbb{E}_{x \sim p_m(x)}\left[\log \frac{p_\theta(x)}{p_r(x) + p_m(x)}\right] \tag{10.23}$$

$$= D_{\mathrm{KL}}(p_r \parallel p_a) + D_{\mathrm{KL}}(p_m \parallel p_a) - 2\log 2 \tag{10.24}$$

$$= 2D_{\mathrm{JS}}(p_r \parallel p_m) - 2\log 2 \tag{10.25}$$

其中 $D_{\mathrm{JS}}(P_r \parallel P_m)$ 是分布 P_r 和 P_m 的 JS 散度，见定义 10.1，当 P_r 和 P_m 相同时，JS 散度为零。

定义 10.1（JS 散度） JS 散度（Jensen-Shannon Divergence）是 KL 散度的变形，具有对称性。假设 P 和 Q 是两个分布，JS 散度被定义为：

$$\mathrm{JSD}(P \parallel Q) = \frac{1}{2}D(P \parallel M) + \frac{1}{2}D(Q \parallel M) \qquad (10.26)$$

其中有 $M = \frac{1}{2}(P+Q)$。当分布 P 和 Q 相似度很低甚至距离很远的时候,JS 散度和 KL 散度都会变为常数,这一性质决定了它无法衡量两个不重叠的分布的相似度。

因为 JS 散度不能很好地衡量两个距离很远的分布的差异性,而当这两个分布毫无重叠时,损失恒为 −2log2,造成梯度为零,生成器就无法学习。一种改进办法就是用 Wasserstein 距离代替 JS 散度,Wasserstein 距离考虑了空间本身的几何性质,克服了 KL 散度和 JS 散度的缺点[WassersteinGAN,2017]。

10.3 使用 keras

我们首先使用 keras 来训练一个变分自编码器,采用的数据仍然是 MNIST,首先我们需要使用 keras 后端来定义好采样函数和 VAE 的损失函数:

```
import numpy as np
import matplotlib.pyplot as plt
from scipy.stats import norm

from keras.layers import Input, Dense, Lambda
from keras.models import Model
from keras import backend as K
from keras import objectives
from keras.datasets import mnist

def sampling(args):
    z_mean, z_log_var = args
    epsilon = K.random_normal(shape = (batch_size, latent_dim), mean = 0.,
                    stddev = epsilon_std)
    return z_mean + K.exp(z_log_var / 2) * epsilon

def vae_loss(x, x_decoded_mean):
    # my tips:logloss
    xent_loss = original_dim * objectives.binary_crossentropy(x,
        x_decoded_mean)
    # my tips:see paper's appendix B
    kl_loss = - 0.5 * K.sum(1 + z_log_var - K.square(z_mean) K.exp(z_log_var),
        axis = -1) return xent_loss + kl_loss
```

接着我们来训练模型,添加代码如下:

```
batch_size = 100
original_dim = 784 # 28 * 28
```

```
latent_dim = 2
intermediate_dim = 256
nb_epoch = 50
epsilon_std = 1.0

x = Input(batch_shape = (batch_size, original_dim))
h = Dense(intermediate_dim, activation = 'relu')(x)
z_mean = Dense(latent_dim)(h)
z_log_var = Dense(latent_dim)(h)

z = Lambda(sampling, output_shape = (latent_dim,))([z_mean, z_log_var])

# we instantiate these layers separately so as to reuse them later decoder _ h = Dense
(intermediate_dim, activation = 'relu')
decoder_mean = Dense(original_dim, activation = 'sigmoid')
h_decoded = decoder_h(z)
x_decoded_mean = decoder_mean(h_decoded)

vae = Model(x, x_decoded_mean)
vae.compile(optimizer = 'rmsprop', loss = vae_loss)

(x_train, y_train), (x_test, y_test) = mnist.load_data()

x_train = x_train.astype('float32') / 255.
x_test = x_test.astype('float32') / 255.
x_train = x_train.reshape((len(x_train), np.prod(x_train.shape[1:]))) x_test = x_test.
reshape((len(x_test), np.prod(x_test.shape[1:])))

vae.fit(x_train, x_train,
        shuffle = True,
        nb_epoch = nb_epoch,
        verbose = 2,
        batch_size = batch_size,
        validation_data = (x_test, x_test))

encoder = Model(x, z_mean)

x_test_encoded = encoder.predict(x_test, batch_size = batch_size)
```

训练完以后我们可以分别取出编码器和解码器,编码器的输出看作是得到数据的表示,解码器的输出则是生成模型,添加代码如下:

```
plt.figure()
for i in range(10):
  plt.scatter(x_test_encoded[:, 0][y_test == i], x_test_encoded[:, 1],[y_test == i],label =
      i , edgecolor = 'k')
plt.legend()
```

```
plt.show()
```

　　如图 10.4，可以看到十个类别的分布集中于原点，因为在训练时，我们设置隐变量的先验分布为标准的高斯分布，所以编码器的输出很接近标准的高斯分布。

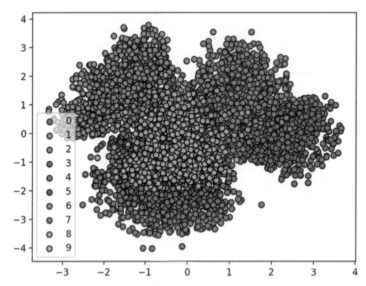

■图 10.4　MNIST 数据的 10 个类别经过变分自编码器中编码器所得到的输出

　　最后，我们把在标准高斯分布下采样作为解码器的输入，来观察它生成的结果：

```
decoder_input = Input(shape = (latent_dim,))
_h_decoded = decoder_h(decoder_input)
_x_decoded_mean = decoder_mean(_h_decoded)
generator = Model(decoder_input, _x_decoded_mean)


n = 15
digit_size = 28
figure = np.zeros((digit_size * n, digit_size * n))


grid_x = norm.ppf(np.linspace(0.05, 0.95, n))
grid_y = norm.ppf(np.linspace(0.05, 0.95, n))


for i, yi in enumerate(grid_x):
    for j, xi in enumerate(grid_y):
        z_sample = np.array([[xi, yi]])
        x_decoded = generator.predict(z_sample)
        digit = x_decoded[0].reshape(digit_size, digit_size)
        figure[i * digit_size: (i + 1) * digit_size,
               j * digit_size: (j + 1) * digit_size] = digit


plt.figure()
```

```
plt.imshow(figure, cmap = plt.cm.bone)
plt.show()
```

　　结果如图 10.5,从标准高斯分布采样的输入经过生成器就可以生成出和 MNIST 几乎一样的图片,代表着生成器是成功的。

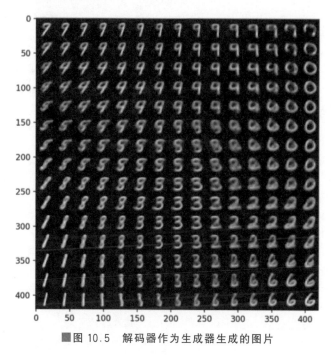

■图 10.5　解码器作为生成器生成的图片

参 考 文 献

[1]　Goodfellow I,Bengio Y,Courville A. Deep learning[M]. MIT press,2016.

[2]　Bengio Y,Courville A,Vincent P. Representation learning: A review and new perspectives[J]. IEEE transactions on pattern analysis and machine intelligence,2013,35(8): 1798-1828.

[3]　Bishop C M. Pattern recognition and machine learning[M]. springer,2006.

[4]　Watanabe S. Knowing and Guessing a Quantitative Study of Inference and Information[J]. 1969.

[5]　Rumelhart D E,Hinton G E,Williams R J. Learning representations by back-propagating errors[J]. nature,1986,323(6088): 533-536.

[6]　Rosenblatt F. The perceptron: a probabilistic model for information storage and organization in the brain[J]. Psychological review,1958,65(6): 386.

[7]　Novikoff A B. On convergence proofs for perceptrons[R]. STANFORD RESEARCH INST MENLO PARK CA,1963.

[8]　Nair V,Hinton G E. Rectified linear units improve restricted boltzmann machines[C]//Proceedings of the 27th international conference on machine learning (ICML-10). 2010: 807-814.

[9]　He K,Zhang X,Ren S,et al. Deep residual learning for image recognition[C]//Proceedings of the IEEE conference on computer vision and pattern recognition. 2016: 770-778.

[10]　Glorot X,Bordes A,Bengio Y. Deep sparse rectifier neural networks[C]//Proceedings of the fourteenth international conference on artificial intelligence and statistics. 2011: 315-323.

[11]　Clevert D A,Unterthiner T,Hochreiter S. Fast and accurate deep network learning by exponential linear units (elus)[J]. arXiv preprint arXiv: 1511.07289,2015.

[12]　Žilinskas A. Practical mathematical optimization: An introduction to basic optimization theory and classical and new gradient-based algorithms[J]. 2006.

[13]　Goodfellow I J,Warde-Farley D,Mirza M,et al. Maxout networks[J]. arXiv preprint arXiv: 1302.4389,2013.

[14]　Ramachandran P,Zoph B,Le Q V. Searching for activation functions[J]. arXiv preprint arXiv: 1710.05941,2017.

[15]　Hornik K,Stinchcombe M,White H. Multilayer feedforward networks are universal approximators [J]. Neural networks,1989,2(5): 359-366.

[16]　LeCun Y,Bengio Y. Convolutional networks for images,speech,and time series[J]. The handbook of brain theory and neural networks,1995,3361(10): 1995.

[17]　Dumoulin V,Visin F. A guide to convolution arithmetic for deep learning[J]. arXiv preprint arXiv: 1603.07285,2016.

[18]　Simonyan K,Zisserman A. Very deep convolutional networks for large-scale image recognition[J]. arXiv preprint arXiv: 1409.1556,2014.

[19]　Yu F,Koltun V. Multi-scale context aggregation by dilated convolutions[J]. arXiv preprint arXiv: 1511.07122,2015.

[20]　Dai J,Qi H,Xiong Y,et al. Deformable convolutional networks[C]//Proceedings of the IEEE international conference on computer vision. 2017: 764-773.

[21]　Szegedy C,Ioffe S,Vanhoucke V,et al. Inception-v4,inception-resnet and the impact of residual

connections on learning[C]//Thirty-first AAAI conference on artificial intelligence. 2017.

[22] Szegedy C, Liu W, Jia Y, et al. Going deeper with convolutions[C]//Proceedings of the IEEE conference on computer vision and pattern recognition. 2015: 1-9.

[23] Ioffe S, Szegedy C. Batch normalization: Accelerating deep network training by reducing internal covariate shift[J]. arXiv preprint arXiv: 1502.03167,2015.

[24] Dauphin Y N, Pascanu R, Gulcehre C, et al. Identifying and attacking the saddle point problem in high-dimensional non-convex optimization[C]//Advances in neural information processing systems. 2014: 2933-2941.

[25] Gal Y, Ghahramani Z. Dropout as a bayesian approximation: Representing model uncertainty in deep learning[C]//international conference on machine learning. 2016: 1050-1059.

[26] Glorot X, Bengio Y. Understanding the difficulty of training deep feedforward neural networks[C]// Proceedings of the thirteenth international conference on artificial intelligence and statistics. 2010: 249-256.

[27] Kingma D P, Ba J. Adam: A method for stochastic optimization[J]. arXiv preprint arXiv: 1412. 6980,2014.

[28] Dozat T. Incorporating nesterov momentum into adam[J]. 2016.

[29] Loshchilov I, Hutter F. Fixing weight decay regularization in adam[J]. 2018.

[30] Prechelt L. Early stopping-but when? [M]//Neural Networks: Tricks of the trade. Springer, Berlin, Heidelberg, 1998: 55-69.

[31] Salimans T, Kingma D P. Weight normalization: A simple reparameterization to accelerate training of deep neural networks[C]//Advances in neural information processing systems. 2016: 901-909.

[32] Zeiler M D. Adadelta: an adaptive learning rate method[J]. arXiv preprint arXiv: 1212.5701,2012.

[33] Unsupervised learning: foundations of neural computation[M]. MIT press,1999.

[34] Olshausen B A, Field D J. Emergence of simple-cell receptive field properties by learning a sparse code for natural images[J]. Nature,1996,381(6583): 607-609.

[35] Doersch C. Tutorial on variational autoencoders[J]. arXiv preprint arXiv: 1606.05908,2016.

[36] Goodfellow I, Pouget-Abadie J, Mirza M, et al. Generative adversarial nets[C]//Advances in neural information processing systems. 2014: 2672-2680.

[37] Arjovsky M, Chintala S, Bottou L. Wasserstein gan[J]. arXiv preprint arXiv: 1701.07875,2017.

[38] Schuster M, Paliwal K K. Bidirectional recurrent neural networks[J]. IEEE transactions on Signal Processing,1997,45(11): 2673-2681.

[39] Zaremba W, Sutskever I, Vinyals O. Recurrent neural network regularization[J]. arXiv preprint arXiv: 1409.2329,2014.